目次

教科書ぴったりトレーニング
啓林館版 数学**2**年

JN078278

■ 成績アップのための学習メソッド ▶ 2~5

■ 学習内容

			教科書の ページ	ぴたトレ **0** + 教科書のまとめ	ぴたトレ **1**	ぴたトレ **2**	ぴたトレ **3**
1章 式の計算	1節	式の計算	10 ~ 22	6~7 26	8~17	18~19	24~25
	2節	文字式の利用	23 ~ 29		20~21	22~23	
2章 連立方程式	1節	連立方程式	34 ~ 46	27 42	28~33	34~35	40~41
	2節	連立方程式の利用	47 ~ 53		36~37	38~39	
3章 一次関数	1節	一次関数とグラフ	58 ~ 76	43 64	44~49	50~51	62~63
	2節	一次関数と方程式	77 ~ 83		52~55	56~57	
	3節	一次関数の利用	84 ~ 89		58~59	60~61	
4章 図形の調べ方	1節	平行と合同	94 ~ 111	65 88	66~77	78~79	86~87
	2節	証明	112 ~ 119		80~83	84~85	
5章 図形の性質と 証明	1節	三角形	124 ~ 138	89 110	90~95	96~97	108~109
	2節	四角形	139 ~ 153		98~105	106~107	
6章 場合の数と確率	1節	場合の数と確率	158 ~ 169	111 120	112~115	116~117	118~119
7章 箱ひげ図と データの活用	1節	箱ひげ図	172 ~ 180	121 128	122~123	124~125	126~127

本書のページ

■ 定期テスト予想問題 ▶ 129 ~ 143

■ 解答集 ▶ 別冊

成績アップのための**学習メソッド**

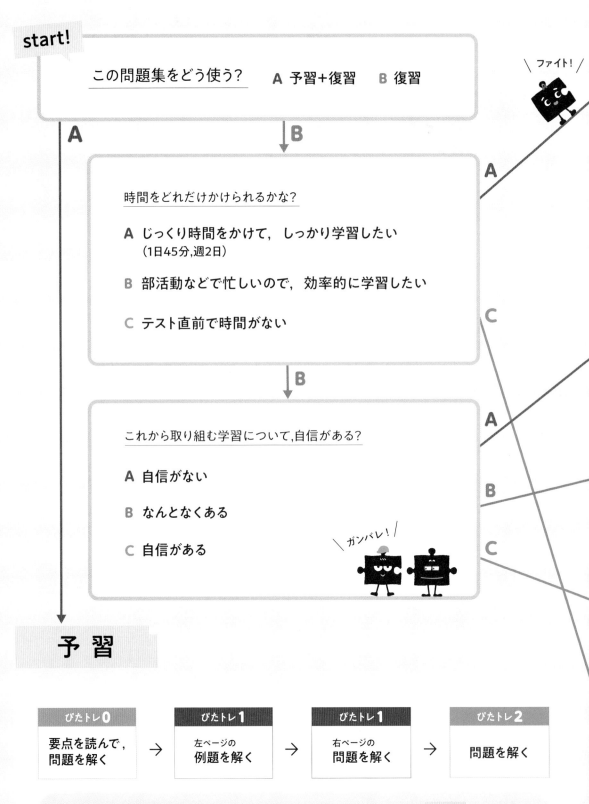

start!

この問題集をどう使う?　　A 予習+復習　　B 復習

\ ファイト! /

A　**B**

A

時間をどれだけかけられるかな?

A じっくり時間をかけて, しっかり学習したい
（1日45分,週2日）

B 部活動などで忙しいので, 効率的に学習したい

C テスト直前で時間がない

C

B

これから取り組む学習について,自信がある?

A 自信がない

B なんとなくある

C 自信がある

A

B

C

\ ガンバレ! /

予習

ぴたトレ**0**		ぴたトレ**1**		ぴたトレ**1**		ぴたトレ**2**
要点を読んで, 問題を解く	→	左ページの **例題を解く**	→	右ページの **問題を解く**	→	**問題を解く**

わからない時は…学校の授業をしっかり聞いて解決!　→　残りのページを　復習　として解く

復習

目安の時間には,丸付けや見直しの時間も含まれているよ。

じっくりコース (1日45分,週2日)

ぴたトレ0	ぴたトレ1 45分
要点を読んで,問題を解く	左ページの**例題を解く** ↳ 解けないときは 考え方 を見直す / 右ページの**問題を解く** ↳ 解けないときは ●キーポイント を読む

↓

定期テスト予想問題や別冊mini bookなども活用しましょう。

教科書のまとめ	ぴたトレ3 45分	ぴたトレ2 45分
まとめを読んで,学習した内容を確認する	テストを解く ↳ 解けないときは ぴたトレ1 ぴたトレ2 に戻る	問題を解く ↳ 解けないときは ヒント を見る ぴたトレ1 に戻る

時短 A コース

ぴたトレ1 45分	ぴたトレ2 30分	ぴたトレ3
問題を解く	だけ解く	時間があれば取り組もう!

時短 B コース

ぴたトレ1 20分	ぴたトレ2 45分	ぴたトレ3 45分
右ページの よく出る 絶対理解 だけ解く	問題を解く	テストを解く

時短 C コース

ぴたトレ1	ぴたトレ2 45分	ぴたトレ3 45分
省略	問題を解く	テストを解く

\ めざせ,点数アップ! /

テスト直前コース

5日前	3日前	1日前	当日
ぴたトレ1 右ページの よく出る 絶対理解 だけ解く	ぴたトレ2 だけ解く	定期テスト予想問題 テストを解く	別冊mini book 赤シートを使って最終確認する

日常学習

コースがきまったら,4~5ページを見てみよう ➡

成績アップのための **学習メソッド**

《 ぴたトレの構成と使い方 》

教科書ぴったりトレーニングは,おもに,「ぴたトレ1」,「ぴたトレ2」,「ぴたトレ3」で構成されています。それぞれの使い方を理解し,効率的に学習に取り組みましょう。

なお,「ぴたトレ3」「定期テスト予想問題」では学校での成績アップに直接結びつくよう,通知表における観点別の評価に対応した問題を取り上げています。

学校の通知表は以下の観点別の評価がもとになっています。

| 知識 技能 | 思考力 判断力 表現力 | 主体的に 学習に 取り組む態度 |

\一緒にがんばろう!/

ぴたトレ0
スタートアップ

各章の学習に入る前の準備として,これまでに学習したことを確認します。

> 学習メソッド
> この問題が難しいときは,以前の学習に戻ろう。あわてなくても大丈夫。苦手なところが見つかってよかったと思おう。

↓

ぴたトレ1
要点チェック

基本的な問題を解くことで,基礎学力が定着します。

例題1

穴埋め式の問題です。
答えは右ページ下にあります。

プラスワン

例題に関する解説や追加事項を扱っています。

> 学習メソッド
> どこでつまずいたかがわかるようにチェックボックスを活用しよう。
>
> コツコツ学習することが大切だよ。「週〇日は数学」,「1日〇分」など目標を立てて学習するといいよ。

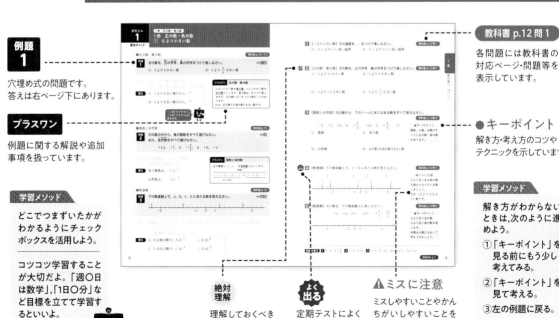

教科書 p.12 問1

各問題には教科書の対応ページ・問題等を表示しています。

●キーポイント

解き方・考え方のコツやテクニックを示しています。

> 学習メソッド
> 解き方がわからないときは,次のように進めよう。
> ①「キーポイント」を見る前にもう少し考えてみる。
> ②「キーポイント」を見て考える。
> ③左の例題に戻る。

絶対理解

理解しておくべき重要な問題です。

よく出る

定期テストによく出る問題です。

⚠ミスに注意

ミスしやすいことやかんちがいしやすいことを確認できます。

↓

4

理解力・応用力をつける問題です。
解答集の「理解のコツ」では実力アップに欠かせない内容を示しています。

解き方がわからないときは、下の「ヒント」を見るか、「ぴたトレ1」に戻ろう。
間違えた問題があったら、別の日に解きなおしてみよう。

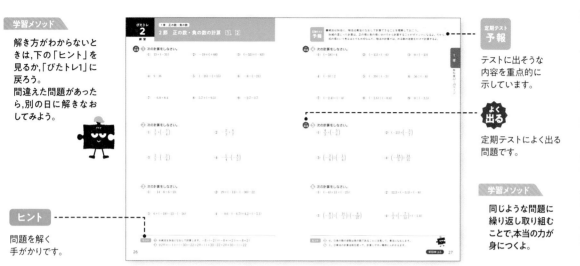

テストに出そうな内容を重点的に示しています。

**よく
出る**

定期テストによく出る問題です。

同じような問題に繰り返し取り組むことで、本当の力が身につくよ。

問題を解く手がかりです。

どの程度学力がついたかを自己診断するテストです。

問題ごとに「知識・技能」「思考力・判断力・表現力」の評価の観点が示してあります。

テスト本番のつもりで何も見ずに解こう。

• 解けたけど答えを間違えた
→ぴたトレ2の問題を解いてみよう。
• 解き方がわからなかった
→ぴたトレ1に戻ろう。

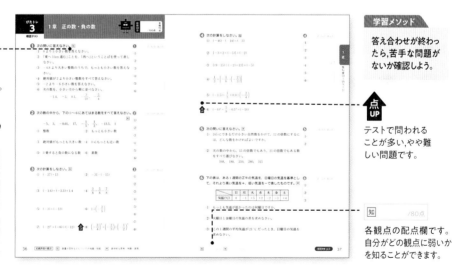

答え合わせが終わったら、苦手な問題がないか確認しよう。

**点
UP**

テストで問われることが多い、やや難しい問題です。

各観点の配点欄です。自分がどの観点に弱いかを知ることができます。

各章の最後に、重要事項をまとめて掲載しています。

重要事項をしっかり見直したいときは「教科書のまとめ」、短時間で確認したいときは「別冊minibook」を使うといいよ。

定期テストに出そうな問題を取り上げています。
解答集に「出題傾向」を掲載しています。

ぴたトレ3と同じように、テスト本番のつもりで解こう。
テスト前に、学習内容をしっかり確認しよう。

ぴたトレ

0

スタートアップ

1章　式の計算

次の学習に
入る前に
取り組もう。

☐ **文字の式を簡単にすること**　　　　　　　　　　　　　　◀ 中学1年
$$mx+nx=(m+n)x$$

☐ **かっこをはずして計算すること**　　　　　　　　　　　　◀ 中学1年
$$a+(b+c)=a+b+c \qquad a-(b+c)=a-b-c$$

☐ **文字の式と数の乗法，除法**　　　　　　　　　　　　　　◀ 中学1年
$$m(a+b)=ma+mb \qquad (a+b)\div m = \frac{a}{m}+\frac{b}{m}$$

1 次の数量を表す式を書きなさい。　　　　　　　　　　　◀ 中学1年〈文字式と数量〉

(1)　1本100円のジュースを x 本買って，1000円出したときのおつり

(2)　1個 a 円のりんご5個と1個 b 円のみかん3個を買ったときの代金

(3)　x m の道のりを，分速120 m で進んだときにかかった時間

ヒント

(3)道のりと速さと時間の関係を考えると……

2 次の計算をしなさい。　　　　　　　　　　　　　　　　◀ 中学1年〈一次式の加法と減法〉

(1)　$6a+3-3a$

(2)　$\dfrac{1}{4}x+\dfrac{1}{3}x-x$

ヒント

(2)x の係数を通分すると……

(3)　$8a+1-5a+7$

(4)　$2x-8-7x+4$

(5)　$2x-6+(5x-2)$

(6)　$(-3x-2)-(-x-8)$

ヒント

(5)，(6)かっこのはずし方に注意すると……

❸ 次の計算をしなさい。

(1) $(-6a)\times(-8)$

(2) $4x\div\left(-\dfrac{2}{3}\right)$

(3) $2(4x+7)$

(4) $-12\left(\dfrac{3}{4}y-5\right)$

(5) $(9a-6)\div3$

(6) $(-16x+4)\div\left(-\dfrac{4}{5}\right)$

(7) $\dfrac{3x+5}{4}\times8$

(8) $-10\times\dfrac{2x-6}{5}$

❹ 次の計算をしなさい。

(1) $2(2x+7)+3(x-4)$

(2) $5(3y-6)-3(4y-1)$

(3) $\dfrac{1}{2}(4x-6)+5(x-2)$

(4) $-\dfrac{1}{3}(6y+3)-\dfrac{1}{4}(8y+12)$

❺ $x=-2$, $y=3$ のとき，次の式の値を求めなさい。

(1) $12-x$

(2) $-\dfrac{4}{x}$

(3) $-5x^2$

(4) $5x-3y$

◀ 中学1年〈一次式の乗法と除法〉

ヒント

(2), (6)分数でわるときは，逆数にしてかけるから……

ヒント

(7), (8)分母と約分した数を分子のすべての項にかけると……

◀ 中学1年〈かっこがある式の計算〉

ヒント

まずかっこをはずし，さらに式を簡単にすると……

◀ 中学1年〈式の値〉

ヒント

(3)指数のある式に代入するときには符号に注意して……

1章

1章 式の計算
1節 式の計算
1 式の加法，減法 ── ①

●多項式の項

教科書 p.13

例題1 多項式 $3a^2-6a+8$ の項を答えなさい。
また，a^2，a の係数をそれぞれ答えなさい。　　▶▶ **1**～**3**

考え方 $3a$ や x^2 のように，数や文字の乗法だけの式が単項式です。
$2x+9y$ のように，単項式の和の形の式が多項式です。
多項式にふくまれる１つ１つの単項式が項です。
式の項が数と文字の積であるとき，その数が文字の係数です。

多項式の項を考えるときは，$m-n \rightarrow m+(-n)$ のように和の形にします。

答え $3a^2-6a+8=3a^2+(-6a)+8$ だから，

項は，$3a^2$，$\boxed{①}$，8

a^2 の係数は，$\boxed{②}$　　　a の係数は，$\boxed{③}$

●多項式の次数

教科書 p.13〜14

例題2 $2x^2+3x+4$ は何次式ですか。　　▶▶ **4** **5**

考え方 単項式の次数は，かけあわされている文字の個数です。
多項式の次数は，次数のもっとも大きい項の次数です。
次数が１の式を一次式，次数が２の式を二次式といいます。

多項式では，各項の次数のうち，もっとも大きいものを，その多項式の次数といいます。

答え $2x^2=2\times x\times x$　　文字が２個だから，次数は２
$3x=3\times x$　　　　文字が１個だから，次数は１
4　　　　　　　　文字が０個だから，次数は０

$2x^2+3x+4$ の次数は，$\boxed{①}$

よって，$\boxed{②}$ 次式である。

●同類項をまとめる

教科書 p.14〜15

例題3 $3a^2+7a-ab+2a+4ab$ の同類項を答えなさい。
また，同類項をまとめて簡単にしなさい。　　▶▶ **6** **7**

考え方 式の項のうち，文字の部分が同じ項が同類項です。
計算法則 $ma+na=(m+n)a$ を使って，１つの項にまとめることができます。

答え 同類項は，$7a$ と $\boxed{①}$，$-ab$ と $4ab$

$3a^2+7a-ab+2a+4ab=3a^2+7a+2a-ab+4ab$
$=3a^2+(7+2)a+(-1+4)ab$
$=3a^2+\boxed{②}a+\boxed{③}ab$

> **プラスワン** 同類項
>
> a^2 と a は次数が異なるので，同類項ではありません。

1 【単項式と多項式】次の式を単項式と多項式に分けなさい。

教科書 p.13

□ ㋐ $2m+7$　　　　　　　㋑ $9ab$

㋒ y　　　　　　　　㋓ $-x+4y-5$

⚠ミスに注意
文字が1つだけの場合は，単項式です。

2 【多項式の項】次の式の項を答えなさい。

教科書 p.13 例 1

□(1)　$3x-1$　　　　□(2)　$-5a+2b-c$　　　□(3)　x^2+4x-9

絶対理解 3 【係数】次の多項式で，〔 〕の文字の係数を答えなさい。

教科書 p.13 問 1

□(1)　$x+2y$　　　〔x〕　　　　　□(2)　$2x^2+x-1$　　　〔x^2〕

●キーポイント
〔 〕内の文字にかけている数が係数です。

4 【単項式の次数】次の単項式の次数を求めなさい。

教科書 p.13

□(1)　$-18y$　　　　□(2)　$9xy$　　　　　□(3)　$5x^2$

●キーポイント
文字が何個かけてあるかを求めます。

5 【多項式の次数】次の式は何次式ですか。

教科書 p.14 問 2

□(1)　$6x-y-5$　　　□(2)　$ab-b-1$　　　□(3)　$2x^2-5y-3$

●キーポイント
各項の次数を比べ，もっとも大きい次数を探します。

6 【同類項】次の式の同類項を答えなさい。

教科書 p.14 問 3

□(1)　$3a-b+2c+4a+2b$　　　　□(2)　$xy+2x-3xy-x$

●キーポイント
文字の部分が同じ項が同類項です。

よく出る 7 【同類項をまとめる】次の式の同類項をまとめなさい。

教科書 p.14 例 3，p.15 例 4

□(1)　$2a+3b-6a-2b$　　　　□(2)　$2y^2-4y+4y^2-5y$

□(3)　$4a-ab-7a+4ab$　　　　□(4)　$x^2+5x+3-6x+2x^2$

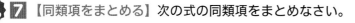

例題の答え **1** ①$-6a$　②3　③-6　**2** ①2　②二　**3** ①$2a$　②9　③3

1章　式の計算
1節　式の計算
① 式の加法，減法 ── ②

●多項式の加法

教科書 p.15

☐ 例題 **1** 　$5x+2y$ と $3x-4y$ をたしなさい。　　　　　▶▶ ①②

 考え方　2つの多項式をたすには，それぞれの式にかっこをつけて，記号＋でつないだ式を
つくります。

答え　$(5x+2y)+(3x-4y)$

　　　$=5x+2y+3x-4y$

　　　$=5x+3x+2y-4y$

　　　$=$ ☐

多項式の加法では，式の各項を加えて，同類項をまとめます。

●多項式の減法

教科書 p.16

☐ 例題 **2** 　$3a-7b$ から $2a+9b$ をひきなさい。　　　　　▶▶ ③④

考え方　2つの多項式をひくには，それぞれの式にかっこをつけて，記号－でつないだ式を
つくります。

答え　$(3a-7b)-(2a+9b)$ ⟩ かっこをはずすときは
　　　　　　　　　　　　　　 符号に注意します

　　　$=3a-7b-2a-9b$

　　　$=3a-2a-7b-9b$

　　　$=$ ☐

●縦に並べた加減

教科書 p.16

☐ 例題 **3** 　次の計算をしなさい。　　　　　　　　　　　▶▶ ⑤⑥

　　　(1)　　　$5a-8b$
　　　　　　$+)\ 4a+6b$

　　　(2)　　　$2x+2y$
　　　　　　$-)\ 2x-2y$

考え方　上下にそろえられた同類項どうしを，それぞれ計算します。

答え　(1)　　　$5a-8b$
　　　　　　　$+)\ 4a+6b$
　　　　　　　① ☐

　　　(2)　　　$2x+2y$
　　　　　　　$-)\ 2x-2y$
　　　　　　　② ☐

プラスワン	縦に並べた加減

負の項をひくときは，符号の変化に注意しよう。

　　　$2x+4y$　　　　$4y-(-5y)$

　$-)\ 3x-5y$　　　　$=4y+5y$

　　$-x+9y$　　　　　$=9y$

1 【多項式の加法】次の計算をしなさい。 教科書 p.15 例5

　□(1)　$(3x+4y)+(2x-y)$　　　　□(2)　$(4a-9b)+(a+5b)$

 2 【多項式の加法】次の2つの多項式をたしなさい。 教科書 p.15 問5

　□(1)　$2x-7y$,　$4x-3y$　　　　□(2)　$a-6b$,　$-8a+9b$

● キーポイント
（　）＋（　）の式を書き，かっこをはずして，同類項をまとめます。

3 【多項式の減法】次の計算をしなさい。 教科書 p.16 例6

　□(1)　$(7a+3b)-(2a-4b)$　　　　□(2)　$(5x-2y)-(9x+7y)$

絶対理解 **4** 【多項式の減法】次の2つの多項式で，左の式から右の式をひきなさい。 教科書 p.16 問6

　□(1)　$8x+5y$,　$7x-3y$　　　　□(2)　$6a-2b$,　$4a-b$

● キーポイント
（　）－（　）の式を書き，符号に気をつけてかっこをはずします。

5 【縦に並べた加法】次の計算をしなさい。 教科書 p.16 問7

　□(1)　　　$3a+6b$
　　　$+)\ 5a-4b$
　　　　　　　　　　　　　　□(2)　　　$5x+8y$
　　　　　　　　　　　　　　　　　$+)\ 4x+5y$

● キーポイント
左から順に，上下にそろった項をたしていきましょう。

6 【縦に並べた減法】次の計算をしなさい。 教科書 p.16 問7

　□(1)　　　$4x+2y$
　　　$-)\ 2x-3y$
　　　　　　　　　　　　　　□(2)　　　$7a-6b$
　　　　　　　　　　　　　　　　　$-)\ 3a+4b$

● キーポイント
左から順に，上下にそろった項をひいていきましょう。

例題の答え **1** $8x-2y$　**2** $a-16b$　**3** ①$9a-2b$　②$4y$

解答 ▶▶ p.2　11

1章　式の計算
1節　式の計算
② いろいろな多項式の計算 —— ①

●数×多項式

教科書 p.17

例題 1 次の計算をしなさい。　　　　　　　　　　▶▶**1**

$$6(3a+4b)$$

考え方　分配法則 $m(a+b)=ma+mb$ を使って計算します。

答え

$$6(3a+4b)$$
$$=6\times3a+6\times4b$$

分配法則 $m(a+b)=ma+mb$ を使う

$$=\boxed{}$$

かっこの中の後ろの項にも,
忘れずに数をかけます。

●多項式÷数

教科書 p.17

例題 2 次の計算をしなさい。　　　　　　　　　　▶▶**2**

$$(12x-6y)\div3$$

考え方　分配法則 $(a+b)\div m=\dfrac{a}{m}+\dfrac{b}{m}$ を使って計算します。

答え

$$(12x-6y)\div3$$
$$=\dfrac{12x}{3}-\dfrac{6y}{3}$$

分配法則 $(a+b)\div m=\dfrac{a}{m}+\dfrac{b}{m}$ を使う

$$=\boxed{}$$

●かっこがある式の計算

教科書 p.17〜18

例題 3 次の計算をしなさい。　　　　　　　　　　▶▶**3**

(1)　$2(3a+b)+3(a-2b)$　　　　(2)　$5(x-3y)-4(2x+y)$

考え方　分配法則を使ってかっこをはずしてから,同類項をまとめます。

答え　(1)　$2(3a+b)+3(a-2b)$

$$=6a+2b+3a-6b$$

分配法則を使う

同類項をまとめる

$$=\boxed{①}$$

(2)　$5(x-3y)-4(2x+y)$

$$=5x-15y-8x-4y$$

分配法則を使う

同類項をまとめる

$$=\boxed{②}$$

かっこをはずすときは,
符号に注意します。

1 【数×多項式】次の計算をしなさい。

教科書 p.17 例 1

⚠ **ミスに注意**
負の数をかけるときは，
符号に気をつけます。

☐(1)　$5(2a-6b)$　　　　☐(2)　$-2(4x+3y)$

☐(3)　$(-7x+y)\times(-3)$　　☐(4)　$(6a-8b)\times\dfrac{1}{2}$

2 【多項式÷数】次の計算をしなさい。

教科書 p.17 例 2

●**キーポイント**
わる数が分数のときは，
わる数の逆数をかける
式になおします。

$$(a+b)\div\dfrac{d}{c}$$
$$=(a+b)\times\dfrac{c}{d}$$

☐(1)　$(15x-9y)\div3$　　　☐(2)　$(-10a+5b)\div5$

☐(3)　$(-4x-8y)\div(-2)$　　☐(4)　$(4a+12b)\div\left(-\dfrac{4}{3}\right)$

3 【かっこがある式の計算】次の計算をしなさい。

教科書 p.17 例 3,
p.18 例 4

☐(1)　$2(3x-2y)+4(x+y)$　　☐(2)　$6(a-2b)-5(2a-3b)$

☐(3)　$9(x-y)+7(2x-y)$　　☐(4)　$3(4a+6b)-2(7a+5b)$

☐(5)　$8(a-2)-4(3a-b+2)$　　☐(6)　$3(x-3y+4)+5(2x+y-1)$

例題の答え $18a+24b$ $4x-2y$ **3** ①$9a-4b$　②$-3x-19y$

1
章

教科書17〜18ページ

1節　式の計算
② いろいろな多項式の計算 —— ②

●かっこがある式の計算

教科書 p.18

例題 1　次の計算をしなさい。　　　　　　　　　　　　　▶▶**1**

$$\frac{1}{6}(7a-b)-\frac{1}{3}(a+4b)$$

考え方　分数をふくむ式でも，同じように計算できます。

答え
$$\frac{1}{6}(7a-b)-\frac{1}{3}(a+4b)$$

$$=\frac{7}{6}a-\frac{1}{6}b-\frac{1}{3}a-\frac{4}{3}b$$　　分配法則を使う

$$=\frac{7}{6}a-\frac{2}{6}a-\frac{1}{6}b-\frac{8}{6}b$$　　項の順序をかえてから通分する

$$=\frac{5}{6}a-\frac{9}{6}b$$　　同類項をまとめる

$$=\boxed{}$$　　約分する

●分数の形の式の計算

教科書 p.18

例題 2　次の計算をしなさい。　　　　　　　　　　　　　▶▶**2**

$$\frac{2x+y}{3}-\frac{x-2y}{2}$$

考え方　分数の形のまま通分して計算します。

答え
$$\frac{2x+y}{3}-\frac{x-2y}{2}$$

$$=\frac{2(2x+y)}{6}-\frac{3(x-2y)}{6}$$　　通分する

$$=\frac{2(2x+y)-3(x-2y)}{6}$$　　1つの分数の形にする

$$=\frac{4x+2y-3x+6y}{6}$$

$$=\boxed{}$$　　分子の同類項をまとめる

> **プラスワン　分数の形の計算**
>
> $\dfrac{2x+y}{3}-\dfrac{x-2y}{2}$ は，
>
> $\dfrac{1}{3}(2x+y)-\dfrac{1}{2}(x-2y)$
>
> とみることができます。

●式の値の計算

教科書 p.19

例題 3　$x=2$，$y=-\dfrac{1}{6}$ のとき，$(4x-5y)-(8x+7y)$ の値を求めなさい。　　▶▶**3 4**

考え方　式を計算してから代入します。

答え　$(4x-5y)-(8x+7y)=4x-5y-8x-7y$

$$=\boxed{①}$$

$x=2$，$y=-\dfrac{1}{6}$ を代入すると，　$-4\times2-12\times\left(-\dfrac{1}{6}\right)=\boxed{②}$

1 【かっこがある式の計算】次の計算をしなさい。

教科書 p.18 例 5

□(1)　$\dfrac{1}{2}(4x-2y)+\dfrac{1}{3}(3x+6y)$　　□(2)　$\dfrac{1}{4}(x-3y)-\dfrac{1}{2}(3x-5y)$

⚠ミスに注意
答えが約分できるとき
は，約分します。

□(3)　$\dfrac{1}{3}(a+2b)+\dfrac{1}{6}(-5a+b)$　　□(4)　$\dfrac{1}{6}(2a+7b)-\dfrac{1}{4}(a+6b)$

2 【分数の形の式の計算】次の計算をしなさい。

教科書 p.18 例 6

□(1)　$\dfrac{x-3y}{2}+\dfrac{3x+y}{3}$　　　　□(2)　$\dfrac{2a+b}{3}-\dfrac{8a+2b}{9}$

⚠ミスに注意
次のように約分するこ
とはできません。
$$\dfrac{2a+3}{4} \not= \dfrac{a+3}{2}$$

□(3)　$\dfrac{5a-2b}{3}-\dfrac{7a-6b}{4}$　　　□(4)　$\dfrac{3x+y}{8}+\dfrac{-x+2y}{6}$

3 【式の値の計算】$x=-3$，$y=\dfrac{1}{9}$ のとき，次の式の値を求めなさい。

教科書 p.19 例題 1

□(1)　$2x-4y+3x-5y$　　　　□(2)　$(4x-13y)-(6x+5y)$

●キーポイント
そのまま代入するとた
いへんです。
式を計算してから代入
します。

4 【式の値の計算】$a=-\dfrac{1}{3}$，$b=2$ のとき，次の式の値を求めなさい。

教科書 p.19 問 5

□(1)　$5a+7b-3b-8a$　　　　□(2)　$4(2a-3b)-2(a-4b)$

例題の答え **1** $\dfrac{5}{6}a-\dfrac{3}{2}b$　**2** $\dfrac{x+8y}{6}$　**3** ①$-4x-12y$　②-6

1章　式の計算

1節　式の計算
③　単項式の乗法，除法

●単項式の乗法

教科書 p.20〜21

例題 1 次の計算をしなさい。　▶▶**1**

(1)　$4a \times (-5b)$　　　　　(2)　$(-6x)^2$

考え方　(1)　係数の積と文字の積をかけます。

(2)　指数をふくむ式は，かけ算になおして計算します。

答え　(1)　$4a \times (-5b) = 4 \times (-5) \times a \times b$

$$= \boxed{①}$$

$(-6)^2 = (-6) \times (-6)$
です

(2)　$(-6x)^2 = (-6x) \times (-6x)$

$$= \boxed{②}$$

●単項式の除法

教科書 p.21

例題 2 次の計算をしなさい。　▶▶**2**

(1)　$15ab \div 3b$　　　　　(2)　$\dfrac{9}{2}xy^2 \div \dfrac{3}{2}xy$

考え方　(1)　分数の形にしてから約分します。　$A \div B = \dfrac{A}{B}$

(2)　わる数が分数のときは，逆数をかける計算になおします。　$A \div \dfrac{C}{B} = A \times \dfrac{B}{C}$

答え　(1)　$15ab \div 3b$

$$= \dfrac{15ab}{3b}$$　分数の形にする

$$= \boxed{①}$$　約分する

(2)　$\dfrac{9}{2}xy^2 \div \dfrac{3}{2}xy$

$$= \dfrac{9xy^2}{2} \div \dfrac{3xy}{2}$$　$\dfrac{9}{2}xy^2$, $\dfrac{3}{2}xy$ を分数の形にする。

$$= \dfrac{9xy^2}{2} \times \dfrac{2}{3xy}$$　わる数を逆数にしてかける

ここがポイント

$$= \dfrac{9xy^2 \times 2}{2 \times 3xy}$$

$$= \boxed{②}$$

●3つの式の乗除

教科書 p.22

例題 3 次の計算をしなさい。　▶▶**3**

$$18x^2y \times (-3x) \div 2xy$$

考え方　分数の形にしてから約分します。　$A \div B \times C = \dfrac{A \times C}{B}$　　$A \div B \div C = \dfrac{A}{B \times C}$

答え　$18x^2y \times (-3x) \div 2xy = -\dfrac{18x^2y \times 3x}{2xy}$　←まず，符号を決める

$$= \boxed{}$$

1 【単項式の乗法】次の計算をしなさい。

教科書 p.20 例 1, 例 2

□(1) $3a \times (-8b)$

□(2) $(-xy) \times (-4z)$

□(3) $\dfrac{4}{5}x \times \left(-\dfrac{5}{2}y\right)$

□(4) $(6x)^2$

□(5) $-(-8a)^2$

□(6) $(-2a)^2 \times (-6b)$

2 【単項式の除法】次の計算をしなさい。

教科書 p.21 例 3, 例 4

●キーポイント
わる数が分数のときは，わる数の逆数をかけます。

□(1) $12xy \div 3x$

□(2) $16a^2 b \div (-4ab)$

□(3) $-15a^3 \div (-6a^2)$

□(4) $8ab \div \dfrac{4}{5}a$

□(5) $(-6a^2) \div \left(-\dfrac{2}{3}a\right)$

□(6) $\dfrac{3}{5}xy \div \dfrac{6}{5}y$

3 【3つの式の乗除】次の計算をしなさい。

教科書 p.22 例 5

⚠ミスに注意
符号のミスを防ぐために，まず，答えの符号を決めます。

□(1) $9x^2 y \times 2x \div 3y$

□(2) $6ab \times (-3b) \div (-9a)$

□(3) $12x^2 y^2 \div 4xy \div (-2x)$

□(4) $-6x^2 y \div 2xy^2 \times (-3xy)$

例題の答え **1** ①$-20ab$ ②$36x^2$ **2** ①$5a$ ②$3y$ **3** $-27x^2$

1 次の多項式の項を答えなさい。
また，何次式かを答えなさい。

□(1) $3x + 7y + 5$　　　　　□(2) $4a^2 - 3a - 2$　　　　　□(3) $\dfrac{1}{2}a + ab - \dfrac{2}{3}b$

2 次の式の同類項をまとめなさい。

□(1) $2a - 3b - a + b$　　　　　□(2) $4x - 7y + 2y - 3x$

□(3) $x^2 - 2x - 5x^2 + 4x + 3$　　　　　□(4) $5a - 4b + 6 - 7a - 5b - 8$

3 次の計算をしなさい。

□(1) $(7b - 5c) - (-5b - 8c)$　　　　　□(2) $\left(\dfrac{2}{3}x - \dfrac{5}{6}y\right) - \left(\dfrac{5}{6}x - \dfrac{1}{2}y\right)$

4 次の2つの多項式をたしなさい。
また，左の式から右の式をひきなさい。

□(1) $-4a + 3b,\ 9a - 5b$　　　　　□(2) $7x - 5y - 3,\ -3x + 6y - 9$

5 次の計算をしなさい。

□(1)　　　$a + 7b$　　　　　□(2)　　　$7x - 6y$　　　　　□(3)　　　$5a - 9b$
　　　$+)\ 2a - 5b$　　　　　　　　$-)\ 3x + 4y$　　　　　　　　$-)\ 8a - 2b - 3$
　　　‾‾‾‾‾‾‾‾‾　　　　　　　　‾‾‾‾‾‾‾‾‾　　　　　　　　‾‾‾‾‾‾‾‾‾‾‾‾

───────────────────────────────────

ヒント　③ かっこをはずすときは符号に注意します。
　　　　④ 2つの式にかっこをつけ，記号＋，−でつないでから計算するとミスが少なくなります。

●同類項の計算をしっかり理解しておこう。
同類項をまとめることは式の計算の基本だよ。式の値を求めるときにも，式を簡単にしてから
代入しないと，計算ミスもしやすく，時間もかかってしまうので注意しよう。

6 次の計算をしなさい。

□(1) $3(2x-3y)+2(4x-5y)$

□(2) $2(6a-9b)-3(5a-4b-2)$

□(3) $5\left(2x-\dfrac{2}{5}y\right)+3(3x-2y)$

□(4) $\dfrac{3x-y}{2}-\dfrac{4x-2y}{5}$

7 $x=\dfrac{1}{2}$，$y=-\dfrac{1}{5}$ のとき，次の式の値を求めなさい。

□(1) $(4x-3y)-3(-2x-6y)$

□(2) $7(x-y)-3(3x+11y)$

8 次の計算をしなさい。

□(1) $4x\times(-3x)$

□(2) $(-3x)^2\times 2x$

□(3) $\dfrac{1}{6}x^2\times(-12y^2)$

□(4) $15m^2\div 3m$

□(5) $4b^2\div\left(-\dfrac{8}{3}b\right)$

□(6) $-\dfrac{3}{8}x^2y\div\left(-\dfrac{9}{2}x\right)$

9 次の計算をしなさい。

□(1) $-4a\times 2b\times(-5ab)$

□(2) $3xy\div(-2x)\times 12x^2$

□(3) $8ab\times 6ab\div(-2b)$

□(4) $-24x^2\div(-3x)\div 8x$

ヒント　**7** かっこをはずして式を簡単にしてから代入します。
　　　　9 乗除の混じった計算では，分数の形にしてから約分します。

2節　文字式の利用
① 文字式の利用

● 偶数と奇数の問題　　　　　　　　　　　　　　　　　　　　　　　教科書 p.26

例題 1　奇数から偶数をひいた差は奇数になります。その理由を，文字式を使って説明しな
さい。　　　　　　　　　　　　　　　　　　　　　　　　　　　　　　▶▶**1**

考え方　偶数と奇数を文字式で表し，その差が，2×(整数)+1 と表されることを示します。

説明　m, n を整数とすると，偶数と奇数は，

2m, 2n+1 と表される。

このとき，奇数から偶数をひいた差は，

$$2n+1-\boxed{}=2n-2m+1$$

$$=2\left(\boxed{}\right)+1$$

> **プラスワン** 偶数と奇数の表し方
>
> 偶数は，2m
> 奇数は，2n+1
> と表されます。
> n だけを使って，2n, 2n+1 と表
> してはいけません。

$n-m$ は整数だから，2$(n-m)$+1 は奇数である。

したがって，奇数から偶数をひいた差は $\boxed{}$ である。

● 2けたの正の整数の問題　　　　　　　　　　　　　　　　　　　　教科書 p.27〜28

例題 2　2けたの正の整数と，その数の十の位の数と一の位の数を入れかえてできる数との
和は，11 の倍数になります。その理由を，文字式を使って説明しなさい。　▶▶**2**

考え方　2けたの正の整数は，10×(十の位の数)+(一の位の数) と表されます。

説明　2けたの正の整数の十の位の数を a，一の位の数を b とすると，

この数は，10a+b と表される。

また，十の位の数と一の位の数を入れかえてできる数は，$\boxed{}$ となる。

このとき，この2数の和は，

$$(10a+b)+\left(\boxed{}\right)=11a+11b=11(a+b)$$

a+b は整数だから，$\boxed{}$ は 11 の倍数である。

したがって，2けたの正の整数と，その数の十の位の数と一の位の数を入れかえ
てできる数との和は，11 の倍数である。

● 等式の変形　　　　　　　　　　　　　　　　　　　　　　　　　　教科書 p.29

例題 3　等式 4x-8y=12 を，x について解きなさい。　　　　　　　　▶▶**3 4**

考え方　等式を変形して x=〜 の形にすることを，等式を x について解くといいます。

答え　-8y を移項して，4x=12+8y

両辺を4でわって，$x=\boxed{}$　（x=〜 の形）

1 【偶数と奇数の問題】2つの整数が，奇数と奇数のとき，その差は偶数になります。その
□ 理由を，文字式を使って説明しなさい。　　　　　　　　教科書 p.26 例題 1

● キーポイント
m, n を整数として，
2つの奇数を，m, n
を使って表します。

2 【2けたの正の整数の問題】2けたの正の整数と，その整数の十の位の数と一の位の数を
□ 入れかえてできる数を2倍した数との和は，3の倍数になります。その理由を，文字を
使って説明しなさい。　　　　　　　　教科書 p.27 例題 2

● キーポイント
2けたの正の整数の十
の位の数を a，一の位
の数を b とすると，
もとの整数は
　$10a+b$
入れかえた数は
　$10b+a$

3 【等式の変形】次の等式を，〔 〕内の文字について解きなさい。　教科書 p.29 問 4
□(1)　$x+y=8$　　〔x〕　　　　　　□(2)　$2ax=-8b$　〔x〕

□(3)　$S=abc$　　〔a〕　　　　　　□(4)　$3x+2y=0$　〔y〕

4 【等式の変形】下の図のような台形で，面積を $S\,\mathrm{cm}^2$ とするとき，高さ h を求める式をつ
□ くりなさい。　　　　　　　　教科書 p.29 例題 3

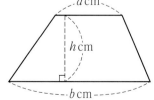

● キーポイント
まず，面積を求める式
をつくります。

例題の答え **1** ①$2m$　②$n-m$　③奇数　**2** ①$10b+a$　②$11(a+b)$　**3** $3+2y$

よく出る 1 次の問いに答えなさい。

□(1)　5，7のように連続する2つの奇数(きすう)の和は，4の倍数になります。その理由を説明しなさい。

□(2)　百の位の数が一の位の数より大きい3けたの自然数から，その数の百の位の数と一の位の数を入れかえてできる数をひいた差は，99の倍数になります。その理由を説明しなさい。

□(3)　3でわって1余る数は，$3m+1$（mは整数)と表されます。同じように，3でわって2余る数を，整数nを使って表し，次のことを説明しなさい。

　　　3でわって1余る数と，3でわって2余る数の和は，3の倍数になる。

2 次の問いに答えなさい。

□(1)　底辺がa，高さがhの三角形Aがあります。三角形Aの底辺を2倍にし，高さを3倍にした三角形Bをつくるとき，Bの面積はAの面積の何倍になりますか。

□(2)　縦の長さが$b$cmで，横の長さが縦の長さの2倍である長方形Aがあります。長方形Aの縦の長さを3倍にし，横の長さを$\frac{1}{2}$倍にした長方形Bをつくるとき，Bの周りの長さはAの周りの長さの何倍になりますか。

ヒント 1 (1)この2つの奇数の間にある偶数を$2m$で表すと，2つの奇数は，$2m-1$，$2m+1$と表せます。
(2)百の位の数をa，十の位の数をb，一の位の数をc($a>c$)とします。

●問題文から数量の関係を見つけられるようにしよう。

数の性質や数量の関係の問題では，わからないときは具体的な数値をあてはめて考えよう。

等式の変形は，1年生で学習した方程式の解き方を思い出して解こう。

 3 次の等式を，〔 〕内の文字について解きなさい。

□(1)　$3x - 2y = 10$　　　〔y〕

□(2)　$x = \dfrac{y}{3} + 1$　　　〔y〕

□(3)　$S = \dfrac{1}{3}a^2 h$　　　〔h〕

□(4)　$\ell = 2(a - b)$　　　〔b〕

□(5)　$m = \dfrac{a + b + c}{3}$　　　〔a〕

□(6)　$S = \dfrac{2(a + r)}{3}$　　　〔r〕

4 右の図の正方形で，色のついた部分の面積を求めなさい。

□

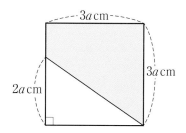

5 下の図で，半径 a cm，b cm，$(a+b)$ cm の 3 つの円の周の長さをそれぞれ順に
ℓ cm，m cm，n cm とするとき，次の問いに答えなさい。ただし，円周率を π とします。

□(1)　ℓ を，a を使って表しなさい。

□(2)　m を，b を使って表しなさい。

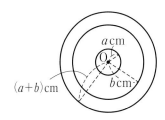

□(3)　n を，ℓ，m を使って表しなさい。

1章　式の計算

時間30分　／100点　合格70点

❶ 次の(1), (2)について，下の㋐〜㋔の式の中からあてはまるものを すべて選び，記号で答えなさい。知

(1)　単項式　　　　　　　　(2)　二次式

❶	点/8点（各4点）
(1)	
(2)	

㋐　$a^2 b$　　　　㋑　$4x - y$　　　　㋒　$a^2 + b - 1$

㋓　$-3x$　　　　㋔　$2x + 3y - 4$

❷ 次の式の同類項をまとめなさい。知

(1)　$a + 3a^2 - 2 - 5a^2 + 2a + 1$　　(2)　$\dfrac{5}{6}x - \dfrac{4}{3}y - \dfrac{8}{9}x + \dfrac{1}{4}y$

❷	点/8点（各4点）
(1)	
(2)	

❸ 次の2つの多項式をたしなさい。
また，左の式から右の式をひきなさい。知
$$2a^2 + a - 3, \quad a - 3a^2 + 3$$

❸	点/8点（各4点）
和	
差	

❹ 次の計算をしなさい。知

(1)　$3(a^2 + 2a - 3) - 2(a^2 - 2a - 1)$　　(2)　$3\left(2x + \dfrac{1}{3}y\right) + 2(-3x + y)$

(3)　$5\left(\dfrac{3}{10}x - \dfrac{2}{3}y\right) - 3\left(\dfrac{5}{6}x - \dfrac{1}{2}y\right)$　　(4)　$\begin{array}{r} -3.4x - 0.6y + 1 \\ -)\ -5.2x + 0.8y - 2 \\ \hline \end{array}$

❹	点/16点（各4点）
(1)	
(2)	
(3)	
(4)	

❺ 次の式の値を求めなさい。知

(1)　$x = -\dfrac{1}{8}$, $y = \dfrac{1}{3}$ のとき，$2(x - 3y) + 3(2x + y)$ の値

(2)　$a = 6$, $b = -\dfrac{1}{4}$ のとき，$4ab^2 \div (-6b) \times 3a$ の値

❺	点/12点（各6点）
(1)	
(2)	

成績評価の観点　知…数量や図形などについての知識・技能　考…数学的な思考・判断・表現

❻ 次の計算をしなさい。知

(1) $8x \times (-6y)$

(2) $100x^2y \div (-25xy)$

(3) $(-3a) \times (-2a^2)$

(4) $-\dfrac{5}{3}x^2y^2 \div \dfrac{3}{4}xy^2$

(5) $xy^2 \div (-xy) \times x^2y$

(6) $-72a^2b^2 \div (-4ab) \div (-3a)$

(7) $9a^2b^2 \div \left(-\dfrac{3}{2}ab\right) \times (-2a)$

(8) $(-5a^2) \times 3b \div \left(-\dfrac{5}{2}ab\right)$

❻	点/32点（各4点）
(1)	
(2)	
(3)	
(4)	
(5)	
(6)	
(7)	
(8)	

1章

教科書10〜33ページ

❼ 次の問いに答えなさい。考

(1) 2つの整数がともに偶数のとき，その和は偶数になります。その理由を説明しなさい。

(2) 連続する3つの偶数の和は，6の倍数になります。その理由を説明しなさい。

❼	点/12点（各6点）
(1)	
(2)	

 ❽ 下の図のような，2つの円Aと円Bがあります。この2つの円の半径を，一方は x cm 長くし，もう一方は x cm 短くした2つの円をつくります。できた2つの円の周の和は，もとの2つの円の周の和にくらべて，どのように変わるかを答えなさい。考

❽	点/4点

| 知 | /84点 | 考 | /16点 |

教科書のまとめ 〈1章 式の計算〉

●単項式と多項式

・数や文字の乗法だけでできている式を**単項式**といいます。

・a や -3 のような，1つの文字，1つの数も単項式と考えます。

・単項式の和の形で表された式を**多項式**といいます。

(例) $2x-3y+2=2x+(-3y)+2$

項

●次数

・単項式の**次数**…単項式で，かけあわされている文字の個数

・多項式の**次数**…各項の次数のうち，もっとも大きいもの

・次数が1の式を**一次式**，次数が2の式を**二次式**といいます。

●同類項

・文字の部分が同じ項を**同類項**といいます。

・同類項は $ma+mb=m(a+b)$ を使って，1つの項にまとめることができます。

[注意] x^2 と $2x$ は，文字が同じでも次数が異なるので，同類項ではありません。

(例) $ax+by-cx+dy$
$=(a-c)x+(b+d)y$

●多項式の加法，減法

・多項式の加法では，すべての項をたして，同類項をまとめます。

・多項式の減法では，ひく式の各項の符号を変えて，すべての項をたします。

・2つの式をたしたりひいたりするときは，それぞれの式にかっこと，記号＋，－をつけて計算します。

(例) $(2x+y)-(4x-3y)$
$=2x+y-4x+3y$
$=-2x+4y$

●多項式と数の乗法，除法

・多項式と数の乗法では，分配法則
$m(a+b)=ma+mb$ を使って，計算することができます。

・多項式を数でわる除法では，分数の形にするか，わる数を逆数にしてかけます。

●かっこがある式の計算

①かっこをはずす
→②同類項をまとめる

●分数をふくむ式の計算

方法1

①通分する→②1つの分数にまとめる
→③分子のかっこをはずす
→④同類項をまとめる

方法2

①分数×多項式の形に変形する
→②かっこをはずす→③同類項をまとめる

●単項式の乗法，除法

・単項式どうしの乗法では，係数の積と文字の積をかけます。

・同じ文字の積は，指数を使って表します。

・単項式どうしの除法では，分数の形にするか，乗法に直して計算します。

(例) $2x×4y=(2×4)×(x×y)=8xy$
$-x×2x=-2x^2$
$6xy÷3x=\dfrac{6xy}{3x}=2y$

●等式の変形

等式 $x+2y=6$ を方程式と同じように変形して，$x=-2y+6$ の形にすることを，等式を x について**解く**といいます。

2章　連立方程式

次の学習に
入る前に
取り組もう。

□**一次方程式を解く手順**　　　　　　　　　　　　　　　◀ 中学1年

①必要であれば，かっこをはずしたり，　　　$4(x-4)=x-1$

　分母をはらったりする。　　　　　　　　　　$4x-16=x-1$

②文字の項を一方の辺に，数の項を　　　　　$4x-x=-1+16$

　他方の辺に移項して集める。

③$ax=b$ の形にする。　　　　　　　　　　$3x=15$

④両辺を x の係数 a でわる。　　　　　　　$x=5$

① 次の方程式を解きなさい。　　　　　　　　　　　　◀ 中学1年〈一次方程式〉

(1)　$-\dfrac{2}{3}x=10$　　　　　　(2)　$7x-6=4+5x$

(3)　$5(2x-4)=8(x+1)$　　　(4)　$0.7x-2.6=-0.4x+1.8$

ヒント

(3)かっこをはずして
から，移項すると
……

(5)　$\dfrac{3}{4}x+1=\dfrac{1}{4}x-\dfrac{3}{2}$　　　(6)　$\dfrac{x+3}{5}=\dfrac{3x-2}{4}$

ヒント

(5)，(6)両辺に分母の
公倍数をかけて分母
をはらうと……

② 何人かの生徒に色紙を配るのに，1人に4枚ずつ配ると15枚余り，　◀ 中学1年〈方程式の利
6枚ずつ配ると3枚たりません。　　　　　　　　　　　　　用〉
生徒の人数を求めなさい。

ヒント

色紙の枚数を，2通
りの配り方で，それ
ぞれ式に表すと……

③ 100円の箱に，120円のプリンと150円のシュークリームを，　◀ 中学1年〈方程式の利
あわせて12個つめて買うと，1660円でした。　　　　　　　用〉
プリンとシュークリームを，それぞれ何個ずつつめましたか。

ヒント

プリンの個数を x
個として，シューク
リームの個数を表す
と……

2
章

2章 連立方程式

1節 連立方程式
① 連立方程式とその解

●二元一次方程式と連立方程式

教科書 p.36〜37

例題 1

二元一次方程式 $x+2y=8$ ……㋐と，$3x+y=9$ ……㋑について，次の問いに答えなさい。　▶▶ **1 2**

(1) ㋐，㋑を成り立たせる x，y の値の組を求めて，表にします。表の空欄にあてはまる数を求めなさい。

㋐

x	0	1	2	3	4
y	4	$\frac{7}{2}$		$\frac{5}{2}$	2

㋑

x	0	1	2	3	4
y	9		3	0	-3

(2) 連立方程式 $\begin{cases} x+2y=8 & ……㋐ \\ 3x+y=9 & ……㋑ \end{cases}$ の解を求めなさい。

考え方　(1) それぞれの方程式に x の値を代入して，y の値を求めます。

(2) ㋐と㋑の両方を成り立たせる x，y の値の組を，(1)の表から見つけます。

答え　(1) ㋐　$x=2$ を $x+2y=8$ に代入すると，

$$2+2y=8$$
$$2y=6$$
$$y=\boxed{①}$$

> 2つの文字をふくむ一次方程式を，二元一次方程式といいます。

㋑　$x=1$ を $3x+y=9$ に代入すると，

$$3\times1+y=9$$
$$y=\boxed{②}$$

(2) (1)の表を使うと，連立方程式 $\begin{cases} x+2y=8 & ……㋐ \\ 3x+y=9 & ……㋑ \end{cases}$ の解である x，y の値の

組は，$\left(\boxed{③}, \boxed{④}\right)$

●連立方程式の解

教科書 p.38

例題 2

x，y の値の組 $(3, 5)$ が，連立方程式 $\begin{cases} x+3y=18 & ……㋐ \\ y=8-x & ……㋑ \end{cases}$ の解であるかどうかを答えなさい。　▶▶ **3**

考え方　$x=3$，$y=5$ を㋐，㋑に代入します。㋐も㋑も，左辺と右辺が等しくなれば，解です。

答え　$x=3$，$y=5$ を代入する。

㋐　左辺は，$3+3\times5=\boxed{①}$　　　　右辺は 18

よって，左辺と右辺が等しい。

㋑　左辺は 5　　　右辺は，$8-3=\boxed{②}$

よって，左辺と右辺が等しい。

㋐も㋑も，左辺と右辺が等しくなるから，$(3, 5)$ は解で $\boxed{③}$。

1 【二元一次方程式】次の⑦〜⑤のうち，二元一次方程式を選びなさい。 教科書 p.36

□　⑦　$x+4=0$　　　　　　　　⑦　$x-y=5$

　　⑦　$2a=3b$　　　　　　　　⑤　$5(x-2)=7$

●キーポイント
文字が2種類の一次方程式を選びます。

対解

2 【二元一次方程式と連立方程式】2つの二元一次方程式 $x+y=6$，$2x-3y=2$ について，次の問いに答えなさい。 教科書 p.36 問 1,
p.37 問 2,3

□(1)　それぞれの二元一次方程式を成り立たせる x，y の値の組を求めて，表にします。表を完成させなさい。

$x+y=6$

x	1	2	3	4	5	6
y						

$2x-3y=2$

x	1	2	3	4	5	6
y						

●キーポイント
二元一次方程式の解はたくさんあります。
しかし，(1)の2つの二元一次方程式に共通する解は，1組だけです。

□(2)　連立方程式 $\begin{cases} x+y=6 \\ 2x-3y=2 \end{cases}$ の解を求めなさい。

3 【連立方程式の解】次の⑦〜⑦のうち，x，y の値の組 $(4,\ 3)$ が解である連立方程式を選びなさい。 教科書 p.38 例 1

□

⑦　$\begin{cases} x+y=7 \\ 2x+y=10 \end{cases}$　　　⑦　$\begin{cases} 3x-y=9 \\ x-2y=-2 \end{cases}$　　　⑦　$\begin{cases} -x+5y=11 \\ 4x-3y=7 \end{cases}$

●キーポイント
$x=4$，$y=3$ を，それぞれの連立方程式に代入して調べます。

2
章

教科書36〜38ページ

例題の答え **1** ①3　②6　③2　④3　**2** ①18　②5　③ある

2章 連立方程式

1節 連立方程式
② 連立方程式の解き方 ── ①

●加減法

教科書 p.39〜42

例題 1 次の連立方程式を加減法で解きなさい。 ▶▶**1**

(1) $\begin{cases} x+3y=9 & \cdots\cdots ⑦ \\ x+y=5 & \cdots\cdots ④ \end{cases}$
(2) $\begin{cases} 3x+2y=10 & \cdots\cdots ⑦ \\ 2x-y=9 & \cdots\cdots ④ \end{cases}$

考え方 左辺どうし，右辺どうしを，たすかひくかして，一方の文字を消去します。

(1) ⑦−④により，x を消去します。

(2) まず，y の係数をそろえてから，y を消去します。

答え (1) ⑦と④の両辺をひくと，

$$\begin{array}{r} x+3y=9 \\ -)\underline{x+\ \ y=5} \\ 2y=4 \end{array}$$

$$y=\boxed{①}$$

$y=2$ を④に代入すると，$x+2=5$

$$x=\boxed{②}$$

よって，$(x,\ y)=\boxed{③}$ ←連立方程式の解は，$(x$ の値，y の値$)$ の形で書く

左辺どうし，右辺どうしを，たすかひくかして，1つの文字を消去する方法を加減法といいます。

(2) ④×2　　$4x-2y=18$ $\cdots\cdots$④′

⑦＋④′　　$3x+2y=10$

$$\begin{array}{r} +)\underline{4x-2y=18} \\ 7x=28 \end{array}$$

$$x=\boxed{④}$$

$x=4$ を④に代入すると，

$$8-y=9$$

$$y=\boxed{⑤}$$

よって，$(x,\ y)=\boxed{⑥}$

●代入法

教科書 p.42〜43

例題 2 連立方程式 $\begin{cases} y=3x-2 & \cdots\cdots ⑦ \\ x-2y=9 & \cdots\cdots ④ \end{cases}$ を代入法で解きなさい。 ▶▶**2**

考え方 ⑦を④に代入し，y を消去して解きます。

答え ⑦を④に代入すると，

$x-2(3x-2)=9$ ←多項式を代入するときは
　　　　　　　　　かっこをつける

$$x-6x+4=9$$

$$-5x=5$$

$$x=\boxed{①}$$

代入によって1つの文字を消去する方法を代入法といいます。

$x=-1$ を⑦に代入すると，

$$y=-3-2=\boxed{②}$$

よって，$(x,\ y)=\boxed{③}$

1 【加減法】次の連立方程式を，加減法で解きなさい。

$\square$(1) $\begin{cases} 3x + y = 5 \\ 2x + y = 4 \end{cases}$ $\square$(2) $\begin{cases} -x + 4y = 6 \\ x + 3y = 8 \end{cases}$

$\square$(3) $\begin{cases} 4x + y = 8 \\ 3x + 2y = 1 \end{cases}$ $\square$(4) $\begin{cases} 5x + 3y = -1 \\ 15x - 4y = 23 \end{cases}$

$\square$(5) $\begin{cases} 9x + 2y = -3 \\ 7x + 5y = 8 \end{cases}$ $\square$(6) $\begin{cases} 4x - 3y = -6 \\ 5x - 2y = -11 \end{cases}$

教科書 p.40 問 1, 例 1,
p.41 例 2, p.42 例題 1

●キーポイント
係数がそろっていない
ときは，係数をそろえ
ます。
両方の式を，何倍かす
るときもあります。

2 【代入法】次の連立方程式を，代入法で解きなさい。

$\square$(1) $\begin{cases} y = 4x \\ x + y = 5 \end{cases}$ $\square$(2) $\begin{cases} x + 2y = 9 \\ x = y + 3 \end{cases}$

$\square$(3) $\begin{cases} y = x - 5 \\ x + 2y = 11 \end{cases}$ $\square$(4) $\begin{cases} 2y = x + 4 \\ 3x - 2y = 4 \end{cases}$

$\square$(5) $\begin{cases} y - 2x = -4 \\ 6x - 5y = 8 \end{cases}$ $\square$(6) $\begin{cases} x + 3y = -15 \\ 7x - 4y = -5 \end{cases}$

教科書 p.42 例 3,
p.43 例題 2

●キーポイント
代入法で解くときに，
$x =$ 〜や $y =$ 〜の形が
ないときは，式を変形
します。

例題の答え **1** ①2 ②3 ③(3, 2) ④4 ⑤-1 ⑥(4, -1) **2** ①-1 ②-5 ③(-1, -5)

●かっこがある連立方程式の解き方　　　　　　　　　　　　　教科書 p.44

☐ **例題 1** 連立方程式 $\begin{cases} x - y = 5 & \cdots\cdots⑦ \\ 3x - 2(y+6) = 0 & \cdots\cdots④ \end{cases}$ を解きなさい。　▶▶**1**

考え方 かっこをはずしたり移項したりして，整理します。

答え ④から，　　　$3x - 2y - 12 = 0$

　　　　　　　　　$3x - 2y = 12$　$\cdots\cdots④'$

⑦×2−④'　　　$2x - 2y = 10$

　　　　　　　$-) \; 3x - 2y = 12$

　　　　　　　$\overline{\qquad -x \qquad = -2}$

　　　　　　　　　$x = \boxed{①}$

$x = 2$ を⑦に代入すると，

　　　　　$2 - y = 5$

　　　　　$y = \boxed{②}$

よって，$(x, \; y) = \boxed{③}$

●係数に分数がある連立方程式の解き方　　　　　　　　　　　教科書 p.45

☐ **例題 2** 連立方程式 $\begin{cases} x = 2y - 2 & \cdots\cdots⑦ \\ \dfrac{x}{3} + \dfrac{y}{4} = 3 & \cdots\cdots④ \end{cases}$ を解きなさい。　▶▶**2**

考え方 分母をはらって，x や y の係数を整数にします。

答え ④×12　　　　　　　　　$4x + 3y = 36$　$\cdots\cdots④'$

⑦を④'に代入すると，$4(2y - 2) + 3y = 36$

　　　　　　　　　　　　$8y - 8 + 3y = 36$

　　　　　　　　　　　　　$11y = \boxed{①}$

　　　　　　　　　　　　　　$y = 4$

$y = 4$ を⑦に代入すると，$x = 8 - 2 = \boxed{②}$

よって，$(x, \; y) = \boxed{③}$

分母の最小公倍数を両辺にかけて，分母をはらいます。

● $A = B = C$ の形の方程式の解き方　　　　　　　　　　　教科書 p.46

☐ **例題 3** 方程式 $8x - 5y = 3x - y - 4 = 2$ を解きなさい。　▶▶**3**

考え方 $A = B = C$ の形の方程式は，次のいずれかの形の連立方程式になおして解きます。

　　　$\begin{cases} A = C \\ B = C \end{cases}$　　　$\begin{cases} A = B \\ A = C \end{cases}$　　　$\begin{cases} A = B \\ B = C \end{cases}$

答え $\begin{cases} A = C \\ B = C \end{cases}$ の形にすると，$\begin{cases} 8x - 5y = 2 & \cdots\cdots⑦ \\ 3x - y - 4 = 2 & \cdots\cdots④ \end{cases}$　　④から，$3x - y = 6$　$\cdots\cdots④'$

⑦−④'×5 より，$-\boxed{①} x = -28$　　$x = 4$

$x = 4$ を④'に代入すると，　$12 - y = 6$　　　$y = \boxed{②}$

よって，$(x, \; y) = \boxed{③}$

1 【かっこがある連立方程式の解き方】次の連立方程式を解きなさい。

教科書 p.44 例題 3

□(1) $\begin{cases} 3(x-y) = 2x+1 \\ 5x-7y = 13 \end{cases}$　　□(2) $\begin{cases} x+2y = 6 \\ 4(x-y) = 2x-5y \end{cases}$

⚠ミスに注意
かっこをはずすときは
符号に気をつけます。

□(3) $\begin{cases} x+3y = 8-(x-4) \\ 4x-7y+2 = 0 \end{cases}$

2 【係数に分数や小数がある連立方程式の解き方】次の連立方程式を解きなさい。

教科書 p.45 例題 4

□(1) $\begin{cases} 2x-y = 2 \\ \dfrac{x}{5} - \dfrac{y}{2} = -3 \end{cases}$　　□(2) $\begin{cases} \dfrac{2}{3}x + \dfrac{1}{2}y = -4 \\ 3x-y = -5 \end{cases}$

⚠ミスに注意
分母をはらうとき，数
はかならず両辺にかけ
ます。

□(3) $\begin{cases} \dfrac{x}{12} - \dfrac{y}{16} = 1 \\ 5x-3y = 45 \end{cases}$　　□(4) $\begin{cases} 0.7x+0.3y = 0.2 \\ 2x+y = 1 \end{cases}$

3 【$A=B=C$ の形の方程式の解き方】次の方程式を解きなさい。

教科書 p.46 例題 5

□(1) $4x-y = 3x-y+2 = 9$　　□(2) $6x-5y = 7x-y = 29$

●キーポイント
解きやすい連立方程式
をつくります。

□(3) $2x+3y = -x+2y = 7$

例題の答え **1** ①2　②−3　③(2, −3)　**2** ①44　②6　③(6, 4)　**3** ①7　②6　③(4, 6)

1 2つの二元一次方程式 $3x+2y=6$, $2x-3y=17$ について，次の問いに答えなさい。

□(1) 下の表は，x の値が 1，2，3，……のとき，それぞれの二元一次方程式を成り立たせる y の値を求めたものです。この表の⑦〜⑨にあてはまる数を求めなさい。

$3x+2y=6$

x	1	2	3	4	5	6
y	$\dfrac{3}{2}$	⑦	$-\dfrac{3}{2}$	④	⑨	-6

$2x-3y=17$

x	1	2	3	4	5	6
y	-5	$-\dfrac{13}{3}$	㋓	㋔	$-\dfrac{7}{3}$	㋕

□(2) (1)の2つの表から，連立方程式 $\begin{cases} 3x+2y=6 \\ 2x-3y=17 \end{cases}$ の解を求めなさい。

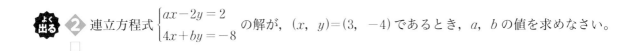

2 連立方程式 $\begin{cases} ax-2y=2 \\ 4x+by=-8 \end{cases}$ の解が，$(x, y)=(3, -4)$ であるとき，a，b の値を求めなさい。

□

3 次の連立方程式を，加減法で解きなさい。

□(1) $\begin{cases} 4x+y=8 \\ 7x-y=3 \end{cases}$　　　　　　□(2) $\begin{cases} 2x-3y=1 \\ 2x+5y=9 \end{cases}$

□(3) $\begin{cases} 3x+2y=5 \\ 5x-4y=23 \end{cases}$　　　　　　□(4) $\begin{cases} 5x+4y=6 \\ 3x+7y=-1 \end{cases}$

ヒント　2 x, y に解を代入し，a, b についての連立方程式を解きます。
3 (4)x の係数か y の係数をそろえますが，小さい係数になる方が計算が簡単です。

●連立方程式の解き方をしっかり理解しよう。
連立方程式の解き方には,「加減法」と「代入法」の2つがあるよ。どちらの方法を使う方がよい
か, 問題を見て, すばやく判断できるようにしておこう。

4 次の連立方程式を, 代入法で解きなさい。

□(1) $\begin{cases} y = x - 2 \\ x + y = 4 \end{cases}$

□(2) $\begin{cases} x = 2 - 4y \\ 4x - 3y = 8 \end{cases}$

□(3) $\begin{cases} 6x - 3y = -6 \\ 3y = 5x + 7 \end{cases}$

□(4) $\begin{cases} x - 2y = 5 \\ 7x + 4y = -1 \end{cases}$

5 次の連立方程式を解きなさい。

□(1) $\begin{cases} 2x + 3(x + y) = 11 \\ 4x + 3y = 10 \end{cases}$

□(2) $\begin{cases} 3x + 2y = 5(1 - y) \\ x - 2(x - 3) = -2y \end{cases}$

□(3) $\begin{cases} 3x + y = x + 2y + 7 \\ \dfrac{x}{4} + \dfrac{y}{3} = 5 \end{cases}$

□(4) $\begin{cases} 0.4x + 0.9y = 1 \\ 2x + 5y = 4 \end{cases}$

6 次の方程式を解きなさい。

□(1) $-x + 4y = 2x - y = -7$

□(2) $3x - y = x + 3y - 14 = 4$

ヒント **4** (3)$5x + 7$ を上の式の $3y$ に代入します。符号に注意しましょう。

5 (3)分数をふくむ式を簡単な形にするには, 分母の最小公倍数を両辺にかけます。

2節　連立方程式の利用
1 連立方程式の利用

●代金の問題

教科書 p.50

例題 1　1個50円のガムと1個30円のあめを，あわせて7個買い，250円払（はら）いました。買ったガムとあめの個数を，それぞれ求めなさい。　▶▶1 2

考え方　個数の関係と代金の関係から，連立方程式をつくります。

答え　買ったガムの個数をx個，あめの個数をy個とすると，

$$\begin{cases} x+y=7 & \cdots\cdots ⑦ \leftarrow 個数の関係 \\ 50x+\boxed{①} =250 & \cdots\cdots ⑦ \leftarrow 代金の関係 \end{cases}$$

> 求めたいものをx, yとすることが多いです。

$$⑦×30-⑦ \qquad \begin{array}{r} 30x+30y=210 \\ -)\ 50x+30y=250 \\ \hline -20x\qquad\quad =-40 \end{array}$$

$$x=2$$

$x=2$を⑦に代入すると，$2+y=7$　　$y=5$　　よって，$(x,\ y)=\boxed{②}$

この解は問題にあっている。　　　解が問題にあっているかどうかを調べる

買ったガムの個数 $\boxed{③}$ 個，あめの個数 $\boxed{④}$ 個

●割合の問題

教科書 p.51

例題 2　シャツとタオルがあわせて820枚あります。そのうち，シャツの20％とタオルの30％が青色で，その枚数は，あわせて200枚です。シャツとタオルは，それぞれ何枚ありますか。　▶▶3 4

考え方　シャツの枚数をx枚，タオルの枚数をy枚とすると，

青色のシャツの枚数は$x \times \dfrac{20}{100}$（枚），青色のタオルの枚数は$y \times \dfrac{30}{100}$（枚）と表されます。

答え　シャツの枚数をx枚，タオルの枚数をy枚とすると，

$$\begin{cases} x+y=820 & \cdots\cdots ⑦ \leftarrow 全体の枚数の関係 \\ \dfrac{20}{100}x+\dfrac{30}{100}y=\boxed{①} & \cdots\cdots ⑦ \leftarrow 青色の枚数の関係 \end{cases}$$

プラスワン	割合
$1\% \to \dfrac{1}{100}$	$10\% \to \dfrac{10}{100}$
$1割 \to \dfrac{1}{10}$	$1分（ぶ） \to \dfrac{1}{100}$

⑦から，$\dfrac{2}{10}x+\dfrac{3}{10}y=200$　　$2x+3y=2000$　　$\cdots\cdots ⑦'$

$$⑦×2-⑦' \qquad \begin{array}{r} 2x+2y=1640 \\ -)\ 2x+3y=2000 \\ \hline -y=-360 \end{array}$$

$$y=360$$

$y=360$を⑦に代入すると，$x+360=820$　　$x=460$

よって，$(x,\ y)=\boxed{②}$　　この解は問題にあっている。

シャツの枚数 $\boxed{③}$ 枚，タオルの枚数 $\boxed{④}$ 枚

1 【代金の問題】1個230円のりんごと1個80円のみかんを，あわせて8個買い，1090円払いました。買ったりんごとみかんの個数を，それぞれ求めなさい。

教科書 p.50 問2

●キーポイント
求めたいものを x, y とします。

絶対理解

2 【代金の問題】ある美術館の入館料は，おとな3人と中学生2人で4400円，おとな1人と中学生3人で3100円です。おとな1人と中学生1人の入館料を，それぞれ求めなさい。

教科書 p.50 例題1

3 【割合の問題】ある工場に，米と小麦粉があわせて4500 kg あります。そのうち，米の80 %，小麦粉の60 %を今日使う予定で，その量は3200 kg です。この工場には，米と小麦粉はそれぞれ何 kg ありますか。

教科書 p.51 例題2

よく出る

4 【割合の問題】ある店で，花びんとぬいぐるみを買いました。定価どおりだと代金は3300円ですが，花びんは定価の40 %引き，ぬいぐるみは定価の30 %引きだったので，代金は2130円になりました。花びんとぬいぐるみの定価を，それぞれ求めなさい。

教科書 p.53 練習問題3

⚠ミスに注意
定価の○ %引きの値段は，定価の $1-\dfrac{○}{100}$ にあたります。

5 【速さ・時間・道のりの問題】駅から池の前を通って史料館まで，13 km の道のりを歩きます。駅から池の前までを時速4 km で歩き，池の前から史料館までを時速5 km で歩くと，3時間かかりました。駅から池の前，池の前から史料館までの道のりを，それぞれ求めなさい。

教科書 p.52 例題3

●キーポイント
時間 $=\dfrac{道のり}{速さ}$
道のりについての方程式と，時間についての方程式をつくります。

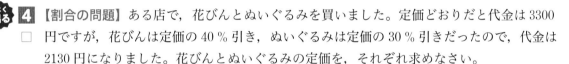

例題の答え **1** ①30y　②(2, 5)　③2　④5　**2** ①200　②(460, 360)　③460　④360

❶ 50円切手と120円切手をあわせて15枚買い，1170円払(はら)いました。50円切手と120円切手を，それぞれ何枚買いましたか。

❷ ある動物園の入園料は，おとな1人と子ども1人で1100円，おとな2人と子ども5人で3400円です。おとな1人と子ども1人の入園料を，それぞれ求めなさい。

❸ A，B2種類のジュースがあります。1000円でこれらのジュースを買うとき，Aを4本，Bを5本買うと20円余り，Aを6本，Bを3本買うと20円たりませんでした。A1本，B1本の値段を，それぞれ求めなさい。

❹ ある店で，スニーカーとサンダルを1足ずつ買いました。定価どおりだと，代金は5500円でしたが，スニーカーは定価の2割引き，サンダルは定価の1割引きだったので，代金は4700円になりました。このスニーカーとサンダルの定価を，それぞれ求めなさい。

❺ ある中学校の昨年の生徒数は，男女あわせて420人でした。今年は，昨年とくらべて男子は25%減り，女子は20%増えたので，男女あわせて405人になりました。昨年の男子と女子の生徒数を，それぞれ求めなさい。

ヒント ❺ 今年の男子の人数は昨年の $1-\dfrac{25}{100}$，今年の女子の人数は昨年の $1+\dfrac{20}{100}$ にあたります。

6 一定の速さで走っている列車が，280 m の A 鉄橋を渡^{わた}りはじめてから渡り終わるまでに，20 秒かかり，320 m の B 鉄橋を渡りはじめてから渡り終わるまでに，22 秒かかりました。この列車の長さは何 m ですか。

また，この列車の速さは秒速何 m ですか。

  7 家から学校へ寄って駅まで，自転車で行きました。道のりは全部で7 km あり，時間はちょうど45 分かかりました。家から学校までは時速8 km，学校から駅までは時速10 km で進みました。家から学校，学校から駅までの道のりを，それぞれ求めなさい。

8 縦の長さが横の長さより15 m 長く，周囲が150 m の長方形の土地があります。この土地の縦と横の長さを，それぞれ求めなさい。

 9 大小2つの数があります。大きい方の数の2倍から小さい方の数をひくと11になります。また，小さい方の数の3倍から大きい方の数をひくと7になります。このとき，この2つの数を求めなさい。

10 A，B 2つの給水管を使って，水そうに水を入れます。A を1時間使った後，A を止めて B を2時間使うと，水は全部で32 m³ はいります。また，A を1時間使った後，A を出したまま B を2時間使うと，水は全部で48 m³ はいります。このとき，A，B を同時に使って，100 m³ の水そうをいっぱいにするには何時間かかりますか。

 ヒント **6** 列車の進む道のりは，(鉄橋の長さ)＋(列車の長さ)になることに注意しましょう。

10 A，B から1時間にはいる水の量をそれぞれ x m³，y m³ とします。

2章　連立方程式

❶ 次の連立方程式を解きなさい。 知

(1) $\begin{cases} 2x - 3y = 7 \\ 4x - 5y = 15 \end{cases}$　　(2) $\begin{cases} 3x - 4y = -25 \\ 5x + 6y = 9 \end{cases}$

(3) $\begin{cases} y = 3 - x \\ 2x + 3y = 10 \end{cases}$　　(4) $\begin{cases} 3y = x - 14 \\ 3x - 4y = 22 \end{cases}$

❶	点／20点（各5点）
(1)	
(2)	
(3)	
(4)	

❷ 次の連立方程式を解きなさい。 知

(1) $\begin{cases} 0.3x + 0.5y = -1.5 \\ \dfrac{1}{3}x - \dfrac{2}{9}y = 3 \end{cases}$　　(2) $\begin{cases} 4(x - 3y) - 3 = 3(2x - y) \\ \dfrac{2}{7}(3x + 2y) = \dfrac{3}{2}(x - y) - 4 \end{cases}$

❷	点／21点（各7点）
(1)	
(2)	
(3)	

点UP (3) $\begin{cases} \dfrac{x + 3}{4} = \dfrac{2x - 3y}{3} \\ \dfrac{5}{6}x - \dfrac{3}{2}y = 3 \end{cases}$

❸ 次の方程式を解きなさい。 知

(1) $2x + y = x - 3y = 7$　　(2) $3x - y = 8x - 5y + 4 = 6$

❸	点／14点（各7点）
(1)	
(2)	

❹ x, y についての連立方程式 $\begin{cases} ax + y = 7 \\ x - 2y = 1 \end{cases}$ の解が，$(x, y) = (3, b)$ であるとき，a, b の値を求めなさい。 知

❹	点／9点

成績評価の観点　知…数量や図形などについての知識・技能　考…数学的な思考・判断・表現

5 1個80円の菓子と1個100円の菓子をあわせて20個買い，1780円払いました。それぞれ何個買いましたか。考

5 　　　　　　　　点/9点（完答）

80円の菓子

100円の菓子

6 Aさんが，家から学校までの1.6 kmの道のりを，はじめは分速160 mで走り，途中からは分速80 mで歩くと，15分かかりました。Aさんが走っていたのは何分間ですか。考

6 　　　　　　　　点/9点

7 ある急行列車が，500 mの鉄橋を渡りはじめてから渡り終わるまでに，29秒かかりました。また，普通列車は，長さが急行列車より25 m短く，速度が毎秒5 m遅いので，この鉄橋を渡りはじめてから渡り終わるのに8秒長くかかりました。この急行列車の長さと秒速を求めなさい。考

7 　　　　　　　　点/9点（完答）

長さ

秒速

8 ある美術展の先週の入場者数は，おとなと子どもあわせて450人でした。今週は，先週とくらべて，おとなは30％増え，子どもは10％減り，あわせて485人でした。今週のおとなと子どもの入場者数を，それぞれ求めなさい。考

8 　　　　　　　　点/9点（完答）

おとな

子ども

知　　　　/64点　考　　　　/36点

● 連立方程式と解

・2つの文字をふくむ一次方程式を，**二元一次方程式**といい，二元一次方程式を成り立たせる文字の値の組を，その方程式の**解**といいます。

・2つの方程式を組にしたものを，**連立方程式**といいます。

・2つの方程式のどちらも成り立たせる文字の値の組を，**連立方程式の解**といい，その解を求めることを，**連立方程式を解く**といいます。

● 連立方程式の解き方

x, y をふくむ連立方程式から，y をふくまない方程式を導くことを，y を**消去**するといいます。

● 加減法

・連立方程式を解くのに，左辺どうし，右辺どうしを，それぞれたすかひくかして，1つの文字を消去する方法を**加減法**といいます。

・2つの式をそのままたしてもひいても，文字を消去することができないときは，どちらかの文字を消去するために，一方の方程式の両辺，もしくは両方の方程式の両辺を整数倍して，消去したい文字の係数の絶対値をそろえて解きます。

(例) $\begin{cases} 2x+3y=1 & \cdots\cdots① \\ 3x+4y=2 & \cdots\cdots② \end{cases}$

①×3−②×2

$$\begin{array}{r} 6x+9y=3 \\ -)\ \ 6x+8y=4 \\ \hline y=-1 \end{array}$$

$y=-1$ を①に代入して整理すると，

$x=2$

答 $(x, y)=(2, -1)$

● 代入法

一方の式を他方の式に代入することによって，1つの文字を消去する方法を**代入法**といいます。

(例) $\begin{cases} y=3x & \cdots\cdots① \\ 5x-2y=1 & \cdots\cdots② \end{cases}$

①を②に代入すると，

$5x-2×3x=1$

$x=-1$

$x=-1$ を①に代入すると，$y=-3$

答 $(x, y)=(-1, -3)$

● 係数が整数でない連立方程式

・係数に小数があるときは，両辺に10や100などをかけて，係数を整数にします。

・係数に分数があるときは，両辺に分母の公倍数をかけて，係数を整数にします。

● $A=B=C$ の形の方程式

次のいずれかの連立方程式をつくって解きます。

$$\begin{cases} A=C \\ B=C \end{cases} \quad \begin{cases} A=B \\ A=C \end{cases} \quad \begin{cases} A=B \\ B=C \end{cases}$$

● 連立方程式を使って問題を解く手順

1 問題の中の数量に着目して，数量の関係を見つける。

2 まだわかっていない数量のうち，適当なものを文字で表して連立方程式をつくって解く。

3 連立方程式の解が，問題にあっているかどうかを調べて，答えを書く。

※割合の問題では，割合を分数で表すときに，約分せずに表し，方程式の両辺を100倍するとよい。

3章　一次関数

次の学習に入る前に取り組もう。

□**比例のグラフ**　　　　　　　　　　　　　　　　　　　　◀ 中学1年

比例の関係 $y=ax$ のグラフは，原点を通る直線で，比例定数 a の値によって
次のように右上がりか，右下がりになる。

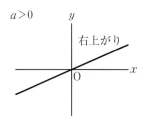 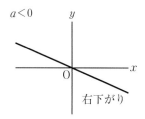

❶ 次の x と y の関係を式に表しなさい。このうち，y が x に比例
するものはどれですか。
また，反比例するものはどれですか。

(1)　1辺の長さが x cm の正方形の周の長さ y cm

(2)　120ページの本を，x ページ読んだときの残りのページ数
　　y ページ

(3)　面積 30 cm² の長方形の縦の長さ x cm と横の長さ y cm

◀ 中学1年〈比例，反比
例〉

ヒント
比例定数を a とする
と，比例の関係は
$$y=ax$$
反比例の関係は
$$y=\frac{a}{x}$$
だから……

❷ 次の(1)～(3)のグラフをかきなさい。

(1)　$y=x$　　　　(2)　$y=-\frac{1}{3}x$　　　(3)　$y=\frac{5}{2}x$

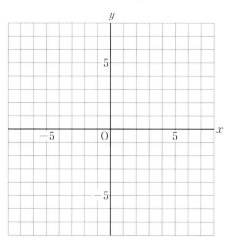

◀ 中学1年〈比例のグラ
フ〉

ヒント
比例のグラフは，原
点ともう1つの点を
とると……

1節 一次関数とグラフ
① 一次関数／② 一次関数の値の変化

●一次関数 教科書 p.60～61

☐ | 例題 **1** | 1辺の長さが 1 m の正方形があります。この正方形の縦の長さは変えないで，横の長さを x m のばしてできる長方形の周の長さを y m とします。 ▶▶**1**～**3**

(1) x と y の関係を式で表しなさい。

(2) 右の表の⑦にあてはまる数を求めなさい。

(3) y は x の一次関数であるといえますか。

x	0	1	2	3
y	4	6	⑦	10

考え方 下の図のように，横の長さを x m のばすと，周の長さ y は $2x$ m 増えます。

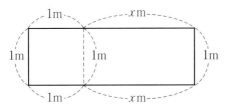

y が x の関数で，y が x の一次式で表されるとき，y は x の一次関数であるといいます。

答え (1) もとの正方形の周の長さは 4 m だから，

$$y=4+2x \quad \text{つまり，} \quad y=\boxed{①}+4$$

(2) $x=2$ を $y=2x+4$ に代入すると，

$$y=2\times2+4=\boxed{②}$$

一次関数の式の形
(a，b は定数，ax は x に比例する部分)

(3) 式が $\underline{y=ax+b}$ の形で表されるから，一次関数であると $\boxed{③}$。

プラスワン	関数

x の値を決めると，それに対応して y の値がただ 1 つに決まるとき，y は x の関数であるといいます。

●一次関数の変化の割合 教科書 p.63～65

☐ | 例題 **2** | 一次関数 $y=-4x+5$ で，x の値が 1 から 4 まで増加するときの変化の割合を求めなさい。 ▶▶**4**

考え方 変化の割合は次の式で求めますが，一次関数 $y=ax+b$ では，a に等しく一定です。

$$\text{変化の割合} = \frac{y \text{の増加量}}{x \text{の増加量}}$$

答え 変化の割合は a に等しいから，$\boxed{①}$

別解 変化の割合を求める式を使って求めてみると，

x の増加量は，$\quad\quad 4-1=3$

y の増加量は，$\quad\quad -11-1=\boxed{②}$

x	1	4
y	1	-11

よって，変化の割合は，$\dfrac{-12}{3}=\boxed{③}$

1 【一次関数】80 ページある本を 30 ページ読みました。これから 1 分間に 2 ページの割合で続きを読みます。x 分間読んだときに読み終えた本のページ数を y ページとして，次の問いに答えなさい。　教科書 p.60

□(1)　下の表を完成しなさい。

x(分)	0	1	2	3	4	5
y(ページ)						

□(2)　x と y の関係を式に表しなさい。

□(3)　y は x の一次関数であるといえますか。

2 【一次関数】次の⑦〜㋓のうち，y が x の一次関数であるものをすべて選びなさい。

□　教科書 p.61 問 1

⑦　$y = 5x + 3$　　　　　㋑　$y = \dfrac{2}{x} - 5$

㋒　$y = -7x$　　　　　㋓　$y = \dfrac{1}{3}x + 2$

⚠️ミスに注意
比例 $y = ax$ も一次関数で，$b = 0$ の場合です。

3 【一次関数】次の場合について，x と y の関係を式に表しなさい。
また，y が x の一次関数であるといえるかどうかを答えなさい。　教科書 p.62 練習問題 2

□(1)　30 km の道のりを，x km 進んだときの残りの道のり y km

□(2)　面積が 30 cm² である長方形で，縦の長さが x cm のときの横の長さ y cm

4 【一次関数の変化の割合】次の一次関数の変化の割合を答えなさい。
また，x の増加量が 4 のときの y の増加量を求めなさい。　教科書 p.64 問 2

□(1)　$y = 3x + 7$　　　□(2)　$y = -x - 2$　　　□(3)　$y = \dfrac{3}{4}x + 3$

●キーポイント
y の増加量は，変化の割合を求める式を使って求めます。

例題の答え　**1** ①$2x$　②8　③いえる　**2** ①−4　②−12　③−4

ぴたトレ
1
要点チェック

1節　一次関数とグラフ
③　一次関数のグラフ

●直線の切片

教科書 p.66～67

例題 1 直線 $y=3x+7$ の切片(せっぺん)を答えなさい。　▶▶ **1 2**

考え方　右の図のように，直線 $y=ax+b$ は，
直線 $y=ax$ に平行で，y 軸上の
点 $(0,\ b)$ を通ります。
b をこの直線の切片といいます。

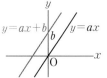

一次関数 $y=ax+b$ のグラフを，直線 $y=ax+b$ といいます。

答え　$y=ax+b$ の b が切片だから，□

●直線の傾き

教科書 p.68～69

例題 2 直線 $y=6x+1$ の傾き(かたむき)と切片を答えなさい。
また，直線は，右上がり，右下がりのどちらであるかを答えなさい。　▶▶ **2**

考え方　直線 $y=ax+b$ で，a をこの直線の傾きといいます。
直線 $y=ax+b$ は，a の値によって傾きぐあいが決まります。
右の図のように，直線 $y=ax+b$ は，$a>0$ のとき右上がり，$a<0$ のとき右下がりになります。

答え　直線 $y=ax+b$ の a が傾き，b が切片だから，
傾きは ①□，切片は ②□
また，$a>0$ だから，この直線は右 ③□
である。

プラスワン　変化の割合と傾き
一次関数 $y=ax+b$ の変化の割合 a は，そのグラフである直線 $y=ax+b$ の傾きになっています。

●一次関数のグラフのかき方

教科書 p.70～71

例題 3 一次関数 $y=2x-1$ のグラフのかき方を説明しなさい。　▶▶ **3**

考え方　一次関数 $y=ax+b$ のグラフは，切片 b で y 軸との交点を決め，その点を通る傾き a の直線をひきます。

答え　一次関数 $y=2x-1$ のグラフは，切片が -1 だから，
点 $\left(0,\ ①\boxed{}\right)$ を通る，傾き ②□ の直線をひけばよい。

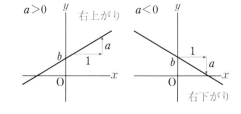

1 【一次関数のグラフ】次の一次関数のグラフを，$y = \dfrac{1}{2}x$ のグラフを利用してかきなさい。

教科書 p.67 問 1

□(1)　$y = \dfrac{1}{2}x + 4$

□(2)　$y = \dfrac{1}{2}x - 5$

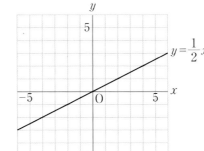

●キーポイント
傾きが等しい直線は平行です。

2 【直線の傾き・切片】次の ⃝ にあてはまる数やことばを答えなさい。

教科書 p.67〜p.69

□(1)　直線 $y = -4x + 2$ は，直線 $y = \boxed{} x$ に平行で，

点 $\left(0,\ \boxed{}\right)$ を通る。

⚠ミスに注意
(3)　直線 $y = ax + b$
傾き　切片

□(2)　一次関数 $y = 9x - 5$ のグラフは，右 $\boxed{}$ の直線である。

□(3)　直線 $y = -x - 7$ の傾きは $\boxed{}$ ，切片は $\boxed{}$ である。

3 【一次関数のグラフのかき方】次の一次関数のグラフをかきなさい。
また，x の変域が $-6 \le x \le 3$ のときの y の変域を求めなさい。

教科書 p.70 例 2, p.71 例 3

□(1)　$y = x + 3$

□(2)　$y = -\dfrac{2}{3}x - 2$

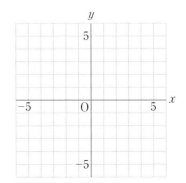

●キーポイント
y の変域はグラフから読みとります。

例題の答え　**1** 7　**2** ①6　②1　③上がり　**3** ①−1　②2

1節　一次関数とグラフ
④　一次関数の式を求めること

●傾きと切片がわかるとき

教科書 p.73

例題 1　右の直線は，ある一次関数のグラフです。この一次関数
の式を求めなさい。　▶▶**1**

考え方　グラフから，傾き a と切片 b を読みとります。

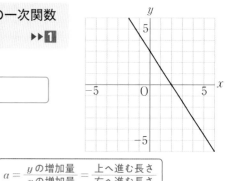

答え　この直線は，点 $(0,\ 3)$ を通るから，切片は $\boxed{①}$
である。

また，　右へ 2 進むと，下へ 3 進む，

つまり，右へ 2 進むと，上へ -3 進むから，

傾きは，　$\dfrac{-3}{2}=\boxed{②}$

関数の式は，$y=\boxed{③}$

ここがポイント

$$a=\frac{y \text{の増加量}}{x \text{の増加量}}=\frac{\text{上へ進む長さ}}{\text{右へ進む長さ}}$$

●傾きと 1 点の座標がわかるとき

教科書 p.74

例題 2　y は x の一次関数で，そのグラフが点 $(1,\ 3)$ を通り，傾き -2 の直線であるとき，
この一次関数の式を求めなさい。　▶▶**2 4**

考え方　式を $y=-2x+b$ として，通る点の座標を代入し，b の値を求めます。

答え　求める一次関数の式を $y=-2x+b$ とする。

この直線は点 $(1,\ 3)$ を通るから，$x=1$，$y=3$ を代入すると，

$3=-2\times1+b$　$b=\boxed{①}$

よって，求める式は，$y=\boxed{②}$

●2 点の座標がわかるとき

教科書 p.75

例題 3　y は x の一次関数で，そのグラフが 2 点 $(-3,\ 6)$，$(6,\ 9)$ を通る直線であるとき，
この一次関数の式を求めなさい。　▶▶**3**

考え方　まず，通る 2 点の座標から，傾きを求めます。

答え　傾きは，$\dfrac{9-6}{6-(-3)}=\dfrac{3}{9}=\boxed{①}$

求める一次関数の式を $y=\dfrac{1}{3}x+b$ とする。

この直線は，点 $(6,\ 9)$ を通るから，

$9=\dfrac{1}{3}\times6+b$

$9=2+b$

$b=\boxed{②}$

よって，求める式は，$y=\boxed{③}$

プラスワン	連立方程式による求め方

求める一次関数の式を $y=ax+b$ とする。
$x=-3$，$y=6$ を代入すると，
　$6=-3a+b$　……㋐
$x=6$，$y=9$ を代入すると，
　$9=6a+b$　……㋑
㋐と㋑を a，b についての連立方程式とみて
解く方法もあります。

1 【傾きと切片がわかるとき】右の直線①〜③は，それぞれ，ある一次関数のグラフです。グラフから，傾き，切片，一次関数の式を，それぞれ求めなさい。 教科書 p.73 問 1

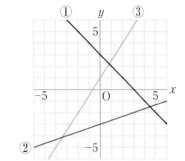

2 【傾きと1点の座標がわかるとき】グラフが，次のようになる一次関数の式を，それぞれ求めなさい。 教科書 p.74 例題 1

□(1)　点 $(-1, 2)$ を通り，傾き 4 の直線

□(2)　傾きが $-\dfrac{3}{2}$ で，点 $(4, -2)$ を通る直線

●キーポイント
まず，$y=ax+b$ の a に，傾きを代入した式をつくります。

3 【2点の座標がわかるとき】グラフが，次のようになる一次関数の式を，それぞれ求めなさい。 教科書 p.75 例題 2

□(1)　2点 $(-4, 1)$，$(6, 6)$ を通る直線

□(2)　2点 $(-3, -4)$，$(8, 7)$ を通る直線

●キーポイント
まず，傾きを求めます。

4 【一次関数の式を求めること】グラフが，次のようになる一次関数の式を，それぞれ求めなさい。 教科書 p.76 練習問題 1

□(1)　切片が 6 で，点 $(3, 8)$ を通る直線

□(2)　点 $(-2, 5)$ を通り，直線 $y=-2x-3$ に平行な直線

●キーポイント
(2)　平行な2直線の傾きは等しいです。

例題の答え **1** ①3　②$-\dfrac{3}{2}$　③$-\dfrac{3}{2}x+3$　**2** ①5　②$-2x+5$　**3** ①$\dfrac{1}{3}$　②7　③$\dfrac{1}{3}x+7$

1節　一次関数とグラフ　□1～□4

1 次の場合について，x と y の関係を式に表しなさい。
また，y が x の一次関数であるといえるかどうかを答えなさい。

□(1)　1辺 x cm の正方形の面積 y cm²

□(2)　時速 30 km で走る自動車が，x 時間で進んだ道のり y km

□(3)　長さ 10 cm のろうそくに火をつけると，毎分 0.2 cm の割合で短くなる。このろうそくに火をつけてから，x 分後のろうそくの長さ y cm

2 一次関数 $y=-5x-1$ について，次の問いに答えなさい。

□(1)　この一次関数のグラフは，y 軸と点 (p, q) で交わり，また，直線 $y=rx$ に平行な直線です。p, q, r の値を求めなさい。

□(2)　x の増加量が3のとき，y の増加量を求めなさい。

□(3)　変化の割合を求めなさい。

3 次の⑦～⑦の一次関数について，下の問いに記号で答えなさい。

⑦　$y=3x+2$　　　　　⑦　$y=\dfrac{3}{4}x-4$　　　　　⑦　$y=-x-3$

□(1)　x の値が増加するとき，y の値が減少する関数を答えなさい。

□(2)　x の増加量が8のとき，y の増加量が6になる関数を答えなさい。

□(3)　グラフが点 $(0, 2)$ を通る直線である関数を答えなさい。

ヒント　**1** $y=ax+b$ の形の式になれば，一次関数であるといえます。
　　　　3 (2)変化の割合について考えます。

定期テスト
予報

●一次関数の式 $y=ax+b$ とグラフの関係をしっかり理解しよう。
一次関数のグラフは，切片と傾きを利用してかくことができるということをよく理解しておこう。
また，一次関数の式を求める問題は必ず出るので，それぞれのパターンをしっかりおさえておこう。

4 次の一次関数のグラフをかきなさい。

□(1) $y=2x-3$ □(2) $y=-x+2$

□(3) $y=\dfrac{1}{2}x-2$ □(4) $y=-\dfrac{3}{4}x-3$

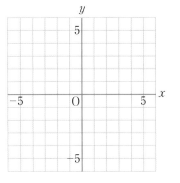

5 右の直線①～④は，それぞれ，ある一次関数のグラフ
□ です。これらの関数の式を求めなさい。

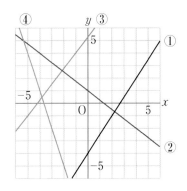

6 グラフが次のようになる一次関数の式を，それぞれ求めなさい。

□(1) 点 $(3,\ 1)$ を通り，傾き $-\dfrac{1}{2}$ の直線

□(2) 2点 $(5,\ 3)$，$(10,\ 7)$ を通る直線

□(3) 点 $(-6,\ 3)$ を通り，直線 $y=-\dfrac{2}{3}x+5$ に平行な直線

□(4) 直線 $y=3x+2$ に平行で，直線 $y=\dfrac{1}{3}x-5$ と y 軸上で交わる直線

3 章

教科書58～76ページ

ヒント **5** ③，④グラフから傾きを読みとり，1点の座標を使って切片を求めます。
6 ③，④平行な2直線は傾きが等しく，また，y 軸上で交わる2直線は切片が等しくなります。

3章　一次関数

2節　一次関数と方程式
① 方程式とグラフ

●方程式 $ax+by=c$ のグラフ

教科書 p.78

□
| 例題 1 | 方程式 $4x-y=1$ のグラフの傾き，切片を求めなさい。 ▶▶ ①② |

考え方　方程式を y について解きます。

答え $4x-y=1$ を y について解くと，

$$-y=-4x+1$$
$$y=4x-1$$

よって，傾きは $\boxed{①}$ ，切片は $\boxed{②}$

二元一次方程式 $ax+by=c$ は，一次関数とみることができ，グラフは直線です。

●方程式 $ax+by=c$ のグラフのかき方

教科書 p.79

□
| 例題 2 | 方程式 $3x+5y=15$ のグラフのかき方を説明しなさい。 ▶▶ ③ |

考え方　ここでは，直線上の2点を求めてかく方法を使います。

答え $3x+5y=15$ について，

$x=0$ のとき，$0+5y=15$
　　　　　　　　　　$y=3$
$y=0$ のとき，$3x+0=15$
　　　　　　　　　　$x=5$

だから，グラフは，2点

$$\left(0,\ \boxed{①}\right),\ \left(\boxed{②},\ 0\right)$$

を通る直線になる。

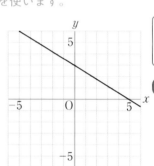

x 座標，y 座標がともに整数の点を見つける

ここがポイント

● $y=k$，$x=h$ のグラフ

教科書 p.80〜81

□
| 例題 3 | 次の方程式のグラフのかき方を説明しなさい。 ▶▶ ④ |
| | (1) $y=4$ (2) $x=-2$ |

考え方　$y=k$ のグラフは，x 軸に平行な直線である。
　　　　$x=h$ のグラフは，y 軸に平行な直線である。

答え (1) 方程式 $y=4$ で，…，$(-1,\ 4)$ $(0,\ 4)$ $(1,\ 4)$，…
　　　　　はこの方程式の解であり，x がどんな値をとって
　　　　　も y の値は4になるから，グラフは点

$$\left(0,\ \boxed{①}\right)$$を通り，x 軸に平行な直線になる。

　　　　(2) 方程式 $x=-2$ で，…，$(-2,\ -1)$，$(-2,\ 0)$，
　　　　　$(-2,\ 1)$，…はこの方程式の解であり，y がどん
　　　　　な値をとっても x の値は -2 になるから，グラ
　　　　　フは点 $\left(\boxed{②},\ 0\right)$ を通り，y 軸に平行な直線になる。

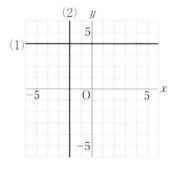

1 【方程式のグラフ】次の方程式について，グラフの傾きと切片を求めなさい。

教科書 p.78 問 1

□(1)　$3x-4y=8$　　　　　□(2)　$6x+2y=7$

●キーポイント
方程式を $y=$〜の形に
変形します。

2 【方程式のグラフのかき方】次の方程式を y について解き，そのグラフをかきなさい。

教科書 p.78 問 1

□(1)　$3x+y=-2$

□(2)　$2x-3y-9=0$

□(3)　$5x+4y=0$

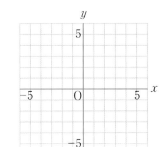

●キーポイント
まず，傾きと切片を求
めます。
$y=ax+b$
（傾き）（切片）

3 【方程式のグラフのかき方】次の方程式のグラフを，そのグラフが通る 2 点を求めてかきなさい。

教科書 p.79 例 1

□(1)　$-x+2y=4$

□(2)　$3x+2y+6=0$

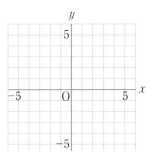

●キーポイント
$x=0$ や $y=0$ である
ときの 2 点を求めます。

4 【$y=k$，$x=h$ のグラフ】次の方程式のグラフをかきなさい。

教科書 p.80 問 3，
p.81 問 4

□(1)　$y=-3$

□(2)　$x-5=0$

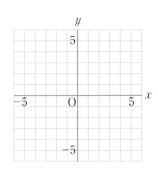

3 章

例題の答え **1** ①4　②−1　**2** ①3　②5　**3** ①4　②−2

2節　一次関数と方程式
② 連立方程式とグラフ

● 連立方程式の解とグラフ

教科書 p.82〜83

 例題 **1**　次の連立方程式を，グラフを使って解きなさい。　▶▶ **1 2**

$$\begin{cases} x - y = -2 & \cdots\cdots ⑦ \\ 2x + y = 5 & \cdots\cdots ④ \end{cases}$$

考え方　グラフの交点の座標を求めます。

答え　方程式を y について解くと，

⑦から，　$y = x + 2$

④から，　$y = -2x + 5$

グラフは右のようになり，交点の座標を求めると，

$$\left(\boxed{①}, \boxed{②}\right)$$

よって，連立方程式の解は，

$$(x,\ y) = \left(\boxed{①}, \boxed{②}\right)$$

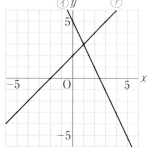

上の⑦と④の連立方程式の解と，2直線⑦，④の交点の座標は同じになるよ。

● 2直線の交点の座標の求め方

教科書 p.83

 例題 **2**　右の図で，2直線 ℓ，m の交点 P の座標を求めなさい。

▶▶ **3 4**

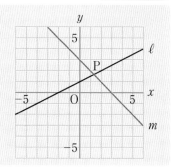

考え方　2直線の式を求め，それらを連立方程式とみて解きます。

答え　直線 ℓ は，傾きが $\dfrac{1}{2}$，切片が 1 だから，式は，$y = \boxed{①}$

直線 m は，傾きが -1，切片が 3 だから，式は，$y = \boxed{②}$

2直線の式を連立方程式として解くと，

$$\frac{1}{2}x + 1 = -x + 3$$

交点の座標
↕
連立方程式の解

ここがポイント

$$x + 2 = -2x + 6 \qquad 3x = 4 \qquad x = \frac{4}{3}$$

$x = \dfrac{4}{3}$ を直線 m の式に代入すると，$y = -\dfrac{4}{3} + 3 = \dfrac{5}{3}$

$$(x,\ y) = \left(\boxed{③}, \boxed{④}\right) \text{だから，P} \left(\boxed{③}, \boxed{④}\right)$$

1 【連立方程式の解とグラフ】下の図で，直線 ℓ は $2x+3y=11$，直線 m は $2x-y=-1$，直線 n は $2x-3y=5$ の方程式のグラフです。次の連立方程式を，グラフを使って解きなさい。

教科書 p.82

□(1) $\begin{cases} 2x+3y=11 \\ 2x-y=-1 \end{cases}$

□(2) $\begin{cases} 2x-y=-1 \\ 2x-3y=5 \end{cases}$

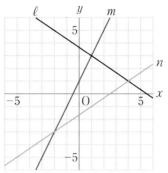

●キーポイント
あてはまる交点の座標を読みとります。

2 【連立方程式の解とグラフ】次の連立方程式を，グラフを使って解きなさい。

教科書 p.83 問1

□ $\begin{cases} x+y=2 & \cdots\cdots① \\ 2x-3y=9 & \cdots\cdots② \end{cases}$

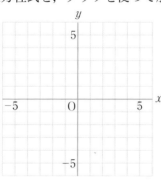

●キーポイント
2つのグラフをかいて，交点の座標を読みとります。

3 【2直線の交点の座標の求め方】2直線 $y=2x-4$，$y=\dfrac{1}{2}x+\dfrac{7}{2}$ の交点の座標を，この2直線の式を連立方程式とみて解き，求めなさい。

教科書 p.83 例題1

4 【2直線の交点の座標の求め方】下のグラフについて，次の問いに答えなさい。

教科書 p.83 例題1

□(1) 直線 ℓ の式を求めなさい。

□(2) 直線 m の式を求めなさい。

□(3) 2直線 ℓ，m の交点の座標を求めなさい。

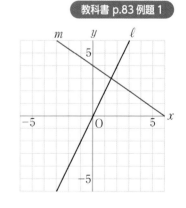

例題の答え **1** ①1 ②3 **2** ①$\dfrac{1}{2}x+1$ ②$-x+3$ ③$\dfrac{4}{3}$ ④$\dfrac{5}{3}$

2節 一次関数と方程式 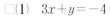 ①, ②

❶ 次の方程式を，y について解きなさい。
また，そのグラフをかきなさい。

□(1) $3x+y=-4$

□(2) $-x+2y-4=0$

□(3) $3y-12=0$

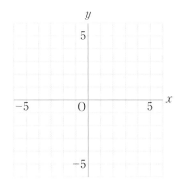

❷ 次の方程式のグラフを，そのグラフが通る 2 点を求めてかきなさい。

□(1) $5x-2y=10$　　$x=0$ のとき，$y=$ ①☐

　　　　　　　　　　$y=0$ のとき，$x=$ ②☐

□(2) $\dfrac{3}{2}x+3y-9=0$　　$x=0$ のとき，$y=$ ①☐

　　　　　　　　　　　$y=0$ のとき，$x=$ ②☐

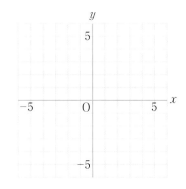

よく出る ❸ 次の問いに答えなさい。

□(1) 方程式 $x-2y=-4$ のグラフをかきなさい。

□(2) 方程式 $x+y=-1$ のグラフをかきなさい。

□(3) 上の(1)，(2)を連立方程式としたとき，その解をグラフから求めなさい。

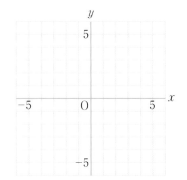

ヒント ❶(1), (2)y について解いた式から，直線の傾きと切片を求めてグラフをかきます。
❸(3)2直線の交点の座標と，連立方程式の解は，同じになります。

●方程式のグラフをかけるようにしよう。
方程式のグラフの問題はよく出るけれど，方程式 $ax+by=c$ の c が a，b の公倍数になっていれば，x 軸との交点，y 軸との交点の２点を求めてグラフをかく方が簡単だよ。

4 下の図で，直線 ℓ は $x-y+1=0$，直線 m は $2x+y-16=0$，直線 n は $y+4=0$ の方程式のグラフです。

☐(1) ２直線 ℓ，n の交点 A の座標を求めなさい。

☐(2) ２直線 m，n の交点 B の座標を求めなさい。

☐(3) ２直線 ℓ，m の交点 C の座標を求めなさい。

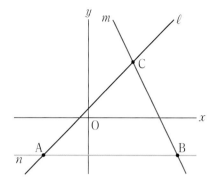

5 次の問いに答えなさい。

☐(1) ２直線 $y=-\dfrac{1}{2}x+\dfrac{3}{2}$，$y=-2x-3$ の交点と，点 $(3,\ -1)$ を通る直線の式を求めなさい。

☐(2) ２直線 $y=-2x+a$，$y=3x+1$ が x 軸上で交わるとき，a の値を求めなさい。

☐(3) ２直線 $y=ax+b$，$y=-2ax-b$ がともに点 $(-1,\ 1)$ を通るとき，a，b の値を求めなさい。

6 直線 $\dfrac{x}{a}+\dfrac{y}{b}=1$ について，次の問いに答えなさい。ただし，a，b は 0 でないとします。

☐(1) この直線と，x 軸，y 軸との交点の座標を，それぞれ求めなさい。

☐(2) (1)から，どのようなことがいえますか。
また，その結果を使って，次の直線と，x 軸，y 軸との交点の座標を，それぞれ求めなさい。

㋐ $\dfrac{x}{5}+\dfrac{y}{3}=1$　　　　㋑ $\dfrac{x}{2}-\dfrac{y}{7}=1$　　　　㋒ $-4x+5y=20$

ヒント　**5** (2)x 軸上の交点の座標を $(n,\ 0)$ として，$y=3x+1$ から n の値を求めます。
　　　6 (1)x 軸，y 軸との交点の座標を求めるには，それぞれ，$y=0$，$x=0$ を代入します。

●グラフの読みとり

教科書 p.86〜87

例題 **1**

ほのかさんは，午後2時に駅を出発し，途中にある公園で10分休んでから，博物館まで行きました。右の図は，ほのかさんが出発してから x 分後に，駅から y km の地点にいるとして，x と y の関係をグラフに表したものです。ほのかさんが次の地点にいるときの，x と y の関係を式に表しなさい。　▶▶**1**

(1)　駅と公園の間　　(2)　公園と博物館の間

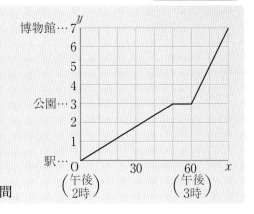

考え方　それぞれの直線の式を求めます。

答え　(1)　点 (50, 3) を通る比例のグラフである。

求める式を $y=ax$ として，$x=50$，$y=3$ を代入すると，$3=a\times50$　　$a=\dfrac{3}{50}$

よって，式は，$y=$ ①[　　　]　　$(0\leqq x\leqq50)$

(2)　2点 (60, 3)，(80, 7) を通る直線だから，傾きは，$\dfrac{7-3}{80-60}=\dfrac{4}{20}=\dfrac{1}{5}$

式を $y=\dfrac{1}{5}x+b$ とすると，点 (60, 3) を通るから，$3=\dfrac{1}{5}\times60+b$　　$b=-9$

よって，式は，$y=$ ②[　　　]　　$(60\leqq x\leqq80)$

●動く点と面積の変化

教科書 p.88

例題 **2**

右の図のような直角三角形 ABC の周上を，点 P は，毎秒1cm の速さで，B から C を通って A まで動きます。点 P が B を出発してから x 秒後の △ABP の面積を y cm² とします。
点 P が辺 CA 上を動くとき，x と y の関係を式に表しなさい。　▶▶**2**

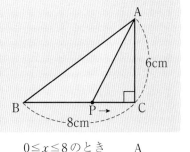

考え方　図をかいて，△ABP のようすをとらえます。

答え　点 P が辺 CA 上にあるとき，右下の図のようになる。

$AP=(AC+CB)-x=14-x$(cm) である。

$y=\dfrac{1}{2}\times(14-x)\times8$

$y=$ ①[　　　]　　$\left(8\leqq x\leqq\right.$②[　　]$\left.\right)$

$0\leqq x\leqq8$ のとき

$8\leqq x\leqq14$ のとき

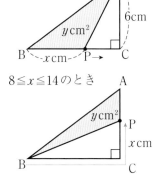

1 【グラフの読みとり】れなさんは，午前 11 時に
家を出発し，途中にある公園で 10 分休んでから，
図書館まで行きました。右の図は，れなさんが
出発してから x 分後に，家から y km の地点に
いるとして，x と y の関係をグラフに表したも
のです。　　　　　　　教科書 p.86〜87

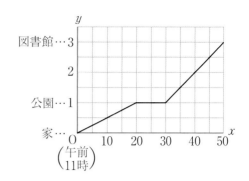

(1)　れなさんが次の地点にいるとき，x と y の
関係を式に表しなさい。
また，x の変域を答えなさい。

□①　家と公園の間

□②　公園

□③　公園と図書館の間

□(2)　弟は午前 11 時 10 分に図書館を出発し，れなさんと同じ道を，
一定の速さで歩くと，午前 11 時 45 分に家に着きました。弟
が歩くようすを表すグラフを，上の図にかき入れなさい。

●キーポイント
(2) 弟は一定の速さで
歩きます。
つまり，1 分に進
む道のりは一定だ
から，弟の進むよ
うすは，直線で表
されます。

3 章

教科書 86 〜 88 ページ

2 【動く点と面積の変化】右の図のような長方形 ABCD の周
上を，点 P は，毎秒 1 cm の速さで，C から B，A を通っ
て D まで動きます。点 P が C を出発してから x 秒後の
△DPC の面積を y cm² とします。　　教科書 p.88

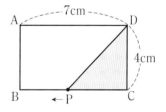

(1)　点 P が次の辺上を動くとき，x と y の関係を式に表し
なさい。
また，x の変域を答えなさい。
　□①　辺 CB　　　□②　辺 BA　　　□③　辺 AD

□(2)　点 P が C から D まで動くときの，x と y の関係を表すグラフ
を，下の図にかき入れなさい。

⚠ミスに注意
点 P が辺 BA 上を動
くとき，y は一定の値
となります。

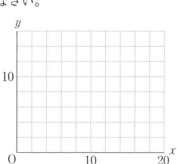

例題の答え **1** ① $\dfrac{3}{50}x$　② $\dfrac{1}{5}x-9$　**2** ①$-4x+56$　②14

3節　一次関数の利用　①

1 下の表は，A，B，C 3つの会議室の利用料金についてまとめたものです。

表

会議室	利用料金
A	3時間までは3000円。 以後，利用時間に応じて（比例して） 1時間あたり250円かかる。
B	① 時間までは ② 円。 以後，利用時間に応じて（比例して） 1時間あたり ③ 円かかる。
C	1時間までは1000円。 以後，利用時間に応じて（比例して） 1時間あたり1000円かかる。

図
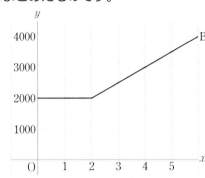

☐(1)　上の図は，会議室 B を x 時間利用したときの料金を y 円として，グラフに表したものです。このグラフから，表の①～③にあてはまる数を求めなさい。

☐(2)　x 時間利用したときの料金を y 円として，会議室 A，C の利用料金についてのグラフをそれぞれ上の図にかき入れなさい。

☐(3)　会議室 A がもっとも安くなるのは，何時間より多く利用したときですか。

2 A さんは，午前10時に家を出発し，分速 0.1 km で駅に向かいましたが，出発して6分後に忘れ物をしたことに気がつき，同じ速さで家へひき返しました。弟のB さんは，A さんの忘れ物を見つけ，午前10時5分に家を自転車で出発し，分速 0.25 km で A さんを追いかけたところ，ひき返してくる A さんに出会いました。右の図は，A さん，B さんが午前10時 x 分にいる地点から家までの道のりを y km として，x と y の関係をグラフに表したものです。

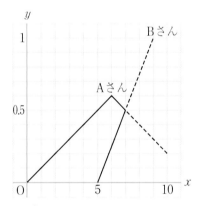

(1)　次の場合の x と y の関係を表す式と，x の変域を，それぞれ求めなさい。

☐①　A さんについて，出発してから B さんに出会うまで。

☐②　B さんについて，出発してから A さんに出会うまで。

☐(2)　2人が出会った時刻と，出会った地点から家までの道のりを，それぞれ求めなさい。

ヒント　　**1** (2)1時間あたりの利用料金が，直線の傾きになります。
　　　　2 (1)①同じ速さで家へひき返すと，そのグラフの式の傾きは，符号が反対になります。

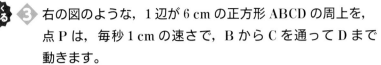

定期テスト
予報

●変域に注意しよう。
　グラフをかくとき，変域に制限がある場合は，範囲外の部分は-----でかくようにすること。
　変域をしっかり確認してかくことがたいせつだよ。

❸ 右の図のような，1辺が6cmの正方形ABCDの周上を，
点Pは，毎秒1cmの速さで，BからCを通ってDまで
動きます。

□(1) 点Pが点Bを出発してから4秒後の △APC の面積を
　　求めなさい。

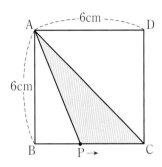

(2) 点Pが点Bを出発してから x 秒後の △APC の面積を y cm² とします。

□① 0≦x≦6のとき，x と y の関係を式に表しなさい。

□② 0≦x≦12のとき，x と y の関係を表すグラフを，
　　右の図にかきなさい。

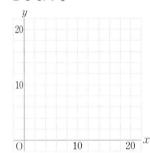

❹ 水温が15℃の水を熱し，熱しはじめてから x 分後の水温を y ℃とすると，x と y の関
□ 係は下の表のようになり，これらの点のなるべく近くを通る直線をひくと，下の図のよう
になりました。この直線が，2点 (0, 15)，(3, 30) を通ると考えて，直線の式を求めなさ
い。
また，その式から，水温が65℃になるのは，熱しはじめてから何分後だと考えられます
か。

表

時間(分)	0	1	2	3	4	5
水温(℃)	15	19.5	24.5	30	35.5	40

図
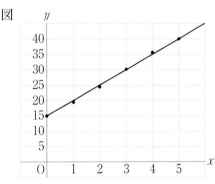

ヒント ❸ (2)②0≦x≦6のときと6≦x≦12のときに分けて考えます。

解答▶▶ p.20

3
章

教
科
書
84
〜
89
ペ
ー
ジ

3章　一次関数

時間 30分　　　/100点　　合格 70点

❶ 一次関数 $y = -\dfrac{3}{2}x + 7$ で，次の場合の y の増加量を求めなさい。　知

(1) x の増加量が 1 のとき

(2) x の増加量が 4 のとき

❶	点/10点(各5点)
(1)	
(2)	

❷ 下の直線①〜③は，一次関数のグラフです。①〜③の一次関数の式を，それぞれ求めなさい。
また，直線④の式を求めなさい。知

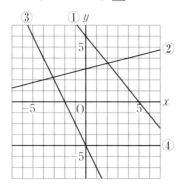

❷	点/24点(各6点)
①	
②	
③	
④	

❸ 次の方程式のグラフをかきなさい。知

(1) $y + 6 = 0$ 　　　　(2) $x - 3y = 9$

(3) $5x - 3y - 15 = 0$ 　(4) $3x + 4y = 10$

❸　　点/24点(各6点)

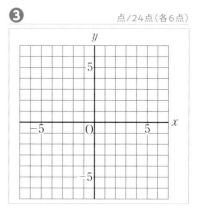

❹ 下の図で，2直線 ℓ, m の交点 P の座標を求めなさい。知

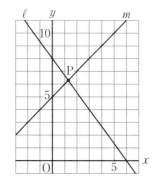

❹　　点/6点

　成績評価の観点　知…数量や図形などについての知識・技能　　考…数学的な思考・判断・表現

❺ 次の問いに答えなさい。考

(1) 2直線 $5x-3y=6$ と $ax-y=7$ が平行であるとき，a の値を求めなさい。

(2) 一次関数 $y=-\dfrac{3}{4}x+b$ で，x の変域が $-4\leqq x\leqq 8$ であるとき，y の変域が $-3\leqq y\leqq 6$ です。このとき，b の値を求めなさい。

❺ 点/12点（各6点）

(1)	
(2)	

❻ 下の表は，ある電話会社の A，B 2種類の料金プランをまとめたものです。1か月の料金は，基本使用料と通話料の合計になっています。1か月に x 分通話するときの料金を y 円とするとき，次の問いに答えなさい。考

	基本使用料	通話料	
A プラン	2000 円	1分あたり 20 円	
B プラン	3000 円	80 分まで 0 円	80 分をこえると 1分あたり 25 円

(1) B プランの x と y の関係を表すグラフをかきなさい。

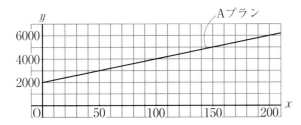

(2) B プランの料金が A プランの料金以下になるのは，1か月の通話時間が何分から何分までのときですか。

❻ 点/12点（各6点）

(1)	左の図にかきなさい。
(2)	

❼ 右の図のように，O を原点とする座標平面上に 3 点 A $(-2,\ 5)$，B $(-6,\ 0)$，C $(0,\ 5)$ があり，点 P は，線分 CO 上を C から O まで動きます。また，CP の長さが t cm のときの △ABP の面積を $S\ \text{cm}^2$ とします。次の問いに答えなさい。ただし，座標の1目もりを1 cm とします。考

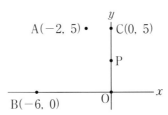

(1) S を t の式で表しなさい。また，t の変域を求めなさい。

点UP (2) △ABP の周の長さが最小となるとき，点 P の座標を求めなさい。

❼ 点/12点（各6点）

(1)	式
	変域
(2)	

（1 完答）

● 一次関数

・y が x の関数で，y が x の一次式，すなわち，$y=ax+b$（a，b は定数）で表されるとき，y は x の**一次関数**であるといいます。

・一次関数 $y=ax+b$ は，x に比例する部分 ax と定数の部分 b の和の形になっています。

・比例は一次関数の特別な場合です。

● 変化の割合

y が x の関数であるとき，x の増加量に対する y の増加量の割合を，**変化の割合**といいます。

$$変化の割合 = \frac{y\,の増加量}{x\,の増加量}$$

● 一次関数の変化の割合

・一次関数 $y=ax+b$ では，x がどの値からどれだけ増加しても，変化の割合は一定で，a に等しくなります。

$$変化の割合 = \frac{y\,の増加量}{x\,の増加量} = a$$

・一次関数 $y=ax+b$ の変化の割合 a は，x の増加量が 1 のときの y の増加量に等しいです。

・y の増加量 $= a \times x$ の増加量

● 一次関数のグラフ

一次関数 $y=ax+b$ のグラフは，直線 $y=ax$ に平行で，y 軸上の点 $(0,\ b)$ を通る直線です。

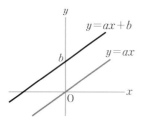

● 一次関数 $y=ax+b$ のグラフ

・傾きが a，切片が b の直線。

・$a>0$ のとき

　x の値が増加すると，y の値も増加し，グラフは右上がりの直線。

・$a<0$ のとき

　x の値が増加すると，y の値は減少し，グラフは右下がりの直線。

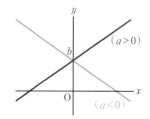

● 二元一次方程式のグラフ

・二元一次方程式 $ax+by=c$ のグラフは直線。

・$y=k$ のグラフは，x 軸に平行な直線。

・$x=h$ のグラフは，y 軸に平行な直線。

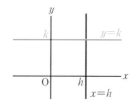

● 連立方程式の解とグラフ

連立方程式 $\begin{cases} ax+by=c & \cdots\cdots① \\ a'x+b'y=c' & \cdots\cdots② \end{cases}$

の解は，直線①，②の交点の座標と一致します。

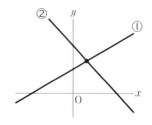

4章　図形の調べ方

□ **合同な図形**　　　　　　　　　　　　　　　　　　　　◀ 小学5年

　2つの図形がぴったり重なるとき，これらの図形は合同であるといいます。合同な図形で，重なり合う頂点，辺，角をそれぞれ対応する頂点，対応する辺，対応する角といいます。

□ **三角形の角**　　　　　　　　　　　　　　　　　　　　◀ 小学5年

　三角形の3つの角の大きさの和は180°です。

---

1 下の2つの四角形は合同です。　　　　　　　　　　◀ 小学5年〈合同な図形〉

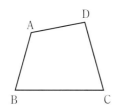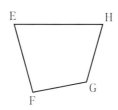

(1)　対応する頂点をすべて答えなさい。

(2)　対応する辺をすべて答えなさい。

(3)　対応する角をすべて答えなさい。

ヒント
四角形 ABCD を
180°回転してみる
と……

---

2 下の2つの三角形は合同です。　　　　　　　　　　◀ 小学5年〈合同な図形〉

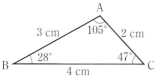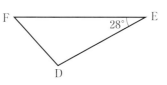

(1)　△DEF の3つの辺の長さを求めなさい。

(2)　∠D，∠F の大きさを求めなさい。

ヒント
対応する角に注目す
ると……

---

3 下の図で，∠x，∠y の大きさを求めなさい。　　◀ 小学5年〈三角形の角〉

(1)

(2)

ヒント
三角形の3つの角の
大きさの和が180°
だから……

4
章

● 対頂角

教科書 p.96

例題 **1** 右の図のように，2つの直線が交わっているとき，∠a の大きさを求めなさい。 ▶▶ **1** **2**

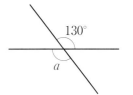

考え方 次のように，2つの直線が交わると，4つの角ができます。

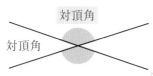

対頂角

対頂角

このとき，向かいあっている2つの角を対頂角といいます。

対頂角は等しいです。

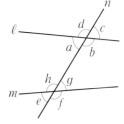
対頂角は2組あります。

答え 対頂角は等しいから，

∠a = ☐ °

● 同位角・錯角

教科書 p.97

例題 **2** 右の図のように，2直線 ℓ，m に直線 n が交わっているとき，次の角を答えなさい。 ▶▶ **3** **4**

(1)　∠c の同位角　　(2)　∠e の同位角

(3)　∠a の錯角　　　(4)　∠h の錯角

考え方 2つの直線に1つの直線が交わるとき，8つの角ができます。

図1において，同じ色をつけた位置にある2つの角を同位角といいます。

図2において，同じ色をつけた位置にある2つの角を錯角といいます。

同位角

図1

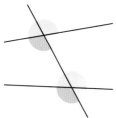

錯角

図2

答え (1)　∠c の同位角は，∠[①☐]

(2)　∠e の同位角は，∠[②☐]

(3)　∠a の錯角は，∠[③☐]

(4)　∠h の錯角は，∠[④☐]

ここがポイント

錯角は間違えやすいので，Z の形と覚えましょう。

1 【対頂角】下の図のように，2つの直線が交わっているとき，∠a，∠b の大きさを求めなさい。

教科書 p.96

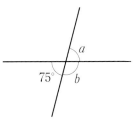

●キーポイント
対頂角は等しいです。

2 【対頂角】下の図のように，3直線が1点で交わっているとき，∠a，∠b，∠c，∠d の大きさを求めなさい。

教科書 p.96 問1

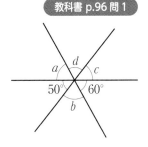

3 【同位角・錯角】下の図のように，2直線 ℓ，m に直線 n が交わっているとき，次の角を答えなさい。

教科書 p.97 問2

□(1) ∠a の同位角　　　　　　□(2) ∠g の同位角

□(3) ∠c の錯角　　　　　　　□(4) ∠h の錯角

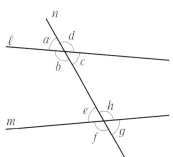

4 【同位角・錯角】下の図のように，2直線 ℓ，m に直線 n が交わっています。次の2つの角が同位角のときは○を，錯角であるときは△を，どちらでもないときは×を書きなさい。

教科書 p.97 問2

□(1) ∠b と ∠h　　　　　　　□(2) ∠a と ∠f

□(3) ∠c と ∠g　　　　　　　□(4) ∠b と ∠e

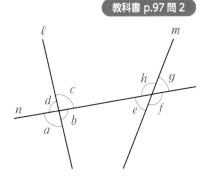

例題の答え **1** 130　**2** ①g　②a　③g　④b

●平行線の性質　　　　　　　　　　　　　　　　　　　　　　　教科書 p.98

例題
1

右の図で，$\ell / \! / m$ のとき，$\angle a$，$\angle b$ の大きさを
求めなさい。　　　　　▶▶**1 3 4**

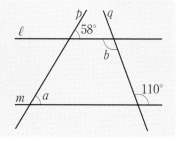

考え方　平行な2直線では，同位角や錯角が等しいことを利用します。

答え　$\ell / \! / m$ より，

　　　同位角は等しいから，　$\angle a=$ ①□°

　　　錯角は等しいから，　　$\angle b=$ ②□°

> プラスワン　**平行線の性質**
>
> 2つの直線に1つの直線が交わるとき，
> ① 2つの直線が平行ならば，同位角は等しい。
> ② 2つの直線が平行ならば，錯角は等しい。

$\ell / \! / m$　ならば　$\angle a=\angle b$
$\ell / \! / m$　ならば　$\angle a=\angle c$
となります。

●平行線になるための条件　　　　　　　　　　　　　　　　　教科書 p.98〜99

例題
2

右の図で，$\angle a$ の大きさを求めなさい。　▶▶**2**

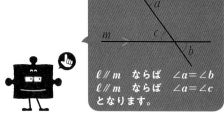

考え方　同位角や錯角が等しいとき，2直線が平行であることを利用します。

答え　2直線 ℓ，m で，①□ が120°で等しいから，

　　　　　$\ell / \! / m$

　　　平行線の ②□ は等しいから，

　　　　　$\angle a=$ ③□°

> プラスワン　**平行線になるための条件**
>
> 2つの直線に1つの直線が交わるとき，
> ① 同位角が等しいならば，この2つの直線は平行である。
> ② 錯角が等しいならば，この2つの直線は平行である。

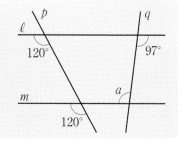

$\angle a=\angle b$　ならば　$\ell / \! / m$
$\angle a=\angle c$　ならば　$\ell / \! / m$
となります。

1 【平行線の性質】下の図で，$\ell /\!/ m$ のとき，∠a，∠b，∠c の大きさを求めなさい。

教科書 p.98

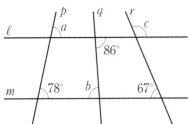

> ●キーポイント
> 平行線の同位角や錯角
> が等しいことを，利用
> します。

2 【平行線になるための条件】下の図で，平行である直線を，記号 $/\!/$ を使ってすべて答えなさい。

教科書 p.99 問 3

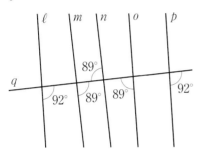

> ●キーポイント
> 同位角や錯角が等しい
> 2直線を，見つけます。

3 【平行線の性質を使った説明】下の図で，$\ell /\!/ m$ ならば，∠b+∠c=180° であることを，次のように説明しました。□ をうめて，説明を完成しなさい。

教科書 p.100 例 1

〔説明〕 一直線の角だから，

$$\angle a + \angle \boxed{①} = 180° \quad \cdots\cdots ⑦$$

平行線の $\boxed{②}$ は等しいので，$\ell /\!/ m$ から，

$$\angle \boxed{③} = \angle c \quad \cdots\cdots ④$$

⑦，④から，∠b+∠c=180°

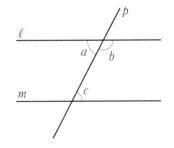

4 【平行線の性質】下の図で，$\ell /\!/ m$ のとき，∠x の大きさを求めなさい。

教科書 p.100 練習問題 2

> ●キーポイント
> 直線を1本ひいてみます。

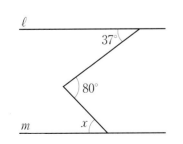

例題の答え **1** ①58 ②110 **2** ①同位角 ②錯角 ③97

4章　図形の調べ方
1節　平行と合同
② 多角形の角 ── ①

●三角形の内角・外角の性質

教科書 p.101〜103

例題1 下の図で，∠x の大きさを，それぞれ求めなさい。　　▶▶**1**〜**3**

(1)

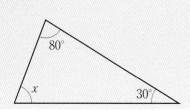

(2)

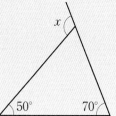

考え方　次のような，三角形の内角・外角の性質を使います。

(1) 3つの内角の和は 180° である。

(2) 1つの外角は，そのとなりにない2つの内角の和に等しい。

答え　(1)　∠$x = 180° - (80° + 30°)$

　　　　　　 $= 180° - 110°$

　　　　　　 $= \boxed{①}$ °

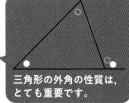

三角形の外角の性質は，とても重要です。

　　　(2)　∠$x = 50° + 70° = \boxed{②}$ °

●三角形の分類

教科書 p.103

例題2 三角形で，3つの内角が次のような大きさのとき，その三角形は，鋭角三角形，直角三角形，鈍角三角形のどれですか。　　▶▶**4**

(1) 20°，50°，110°　　　(2) 30°，60°，90°　　　(3) 40°，60°，80°

考え方　次のどれに分類されるか考えます。

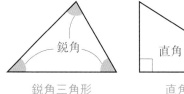

鋭角　　　　　　　直角　　　　　　　　鈍角

鋭角三角形　　　　　直角三角形　　　　　鈍角三角形

答え　(1)　1つの内角が $\boxed{①}$ だから，

　　　　　　　$\boxed{①}$ 三角形である。

プラスワン　鋭角，直角，鈍角

鋭角… 0° より大きく，90° より小さい角

直角…90° の角

鈍角…90° より大きく，180° より小さい角

鋭角　　　　直角　　　　鈍角

　　　(2)　1つの内角が $\boxed{②}$ だから，

　　　　　　　$\boxed{②}$ 三角形である。

　　　(3)　3つの内角がすべて $\boxed{③}$ だから，$\boxed{③}$ 三角形である。

1 【三角形の内角・外角の性質】下の図で，∠x の大きさを，それぞれ求めなさい。

教科書 p.103 問 2

□(1)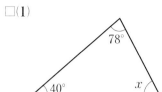

□(2)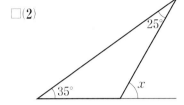

教科書 p.103 問 2

⚠️ミスに注意

(2) 内角の和ではなく，計算が簡単な外角の性質を使います。

2 【三角形の内角・外角の性質】右の図の △ABC で，辺 BC を
□ 延長した直線上の点を D とします。
このとき，∠A＋∠B＝∠ACD であることを，次の □ をうめて説明しなさい。

教科書 p.101

〔説明〕 △ABC で，点 C を通り，辺 BA に平行な半直線 CE
をひく。このとき，

平行線の ①[   ] は等しいので，

∠A ＝ ∠②[   ] ……㋐

平行線の ③[   ] は等しいので，

∠B ＝ ∠④[   ] ……㋑

㋐，㋑から，∠A＋∠B ＝ ∠②[   ] ＋ ∠④[   ]

＝ ∠⑤[   ]

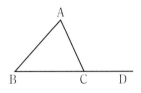

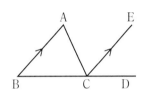

3 【三角形の内角・外角の性質】下の図で，∠x，∠y の大きさを求めなさい。
□

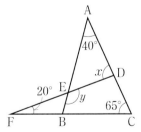

教科書 p.103 問 2

●キーポイント
三角形の内角・外角の性質を使います。

4 【三角形の分類】三角形で，2 つの内角が次のような大きさのとき，その三角形は，鋭角
三角形，直角三角形，鈍角三角形のどれですか。

教科書 p.103 問 3

□(1) 35°，55°　　　□(2) 40°，75°　　　□(3) 50°，30°

●キーポイント
残りの角の大きさも求めてみます。

例題の答え **1** ①70 ②120 **2** ①鈍角 ②直角 ③鋭角

●多角形の内角の和

教科書 p.103〜105

例題 1　五角形について，次の問いに答えなさい。　▶▶**1 2**

(1)　1つの頂点からひいた対角線によって，何個の三角形に分けられますか。

(2)　五角形の内角の和は何度ですか。

考え方　(1)　五角形をかいて，1つの頂点から対角線をひいてみます。

　　(2)　三角形の内角の和がいくつ分かで求めます。

答え　(1)　右の図のように，[① ＿＿＿] 本の対角線がひけ，

　　　[② ＿＿＿] 個の三角形に分けられる。

　　(2)　三角形の内角の和が 3 つ分だから，

　　　　$180° \times 3 = $ [③ ＿＿＿] $°$

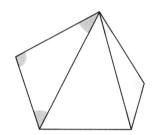

プラスワン　**n 角形の内角の和**

三角形の内角の和は，180°　←　180°× 1
四角形の内角の和は，360°　←　180°× 2
五角形の内角の和は，540°　←　180°× 3
n 角形の内角の和は，180°×(n−2)

同じ色がついた3つの角の和は，それぞれ 180° ずつだね。

●多角形の外角の和

教科書 p.105〜106

例題 2　正八角形の 1 つの外角の大きさは何度ですか。　▶▶**3 〜 5**

考え方　多角形の外角の和は 360° であることから求めます。

答え　右のように，正八角形の外角は 8 つあり，どれも等しい。

　　正八角形の外角の和は 360° だから，1 つの外角の大きさは，

　　　　$360° \div$ [① ＿＿＿] $=$ [② ＿＿＿] $°$

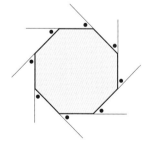

プラスワン　**n 角形の外角の和**

(n 角形の内角の和)＋(n 角形の外角の和)＝180°× n
が成り立ちます。
よって，n 角形の外角の和は，
　　180°× n −(n 角形の内角の和)
＝180°× n −180°×(n−2)
＝180°× n −180°× n +360°＝360°

三角形でも，四角形でも，何角形でも，外角の和は 360° です。

絶対理解 **1** 【多角形の内角の和】次の正多角形の内角の和は何度ですか。
また，1 つの内角の大きさは何度ですか。

教科書 p.104 問 5

□(1) 正六角形 　　　　　　　　□(2) 正十二角形

●キーポイント
$180° \times (n-2)$ を使います。

2 【多角形の内角の和】内角の和が次のようになる多角形は何角形ですか。

□(1) 1440° 　　　　　　　　　□(2) 1620°

教科書 p.105 問 6

●キーポイント
n 角形として，方程式をつくります。

絶対理解 **3** 【多角形の外角の和】次の正多角形の 1 つの外角の大きさは何度ですか。

□(1) 正五角形 　　　　　　　　□(2) 正九角形

教科書 p.106 問 8

●キーポイント
多角形の外角の和は 360° です。

4 【多角形の外角の和】1 つの外角の大きさが次のようになる正多角形は正何角形ですか。

□(1) 24° 　　　　　　　　　　□(2) 36°

教科書 p.106

●キーポイント
正 n 角形として，方程式をつくります。

5 【多角形の内角・外角の和】下の図で，$\angle x$ の大きさを，それぞれ求めなさい。

□(1)

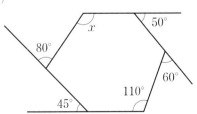

□(2)

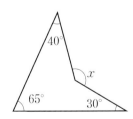

教科書 p.107

例題の答え **1** ①2 ②3 ③540 **2** ①8 ②45

● 三角形の合同

教科書 p.108〜109

例題 **1**　下の図で，△ABC と合同な三角形を 1 つ選んで，2 つの三角形が合同であることを，記号≡を使って表しなさい。　▶▶ **1 2**

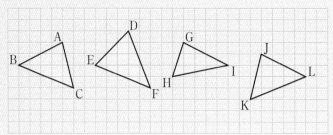

考え方　ぴったり重なる三角形を選びます。

合同を表す記号≡を使うときは，対応する頂点を順に並べます。

答え　次のように △JLK を裏返すと，

△ABC と △JLK は，ぴったり重なる。

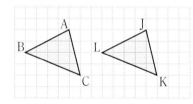

合同な図形は，ぴったり重なるよ。裏返して重ねてもいいよ。

頂点 A と J，頂点 B と L，頂点 C と [①　　　　] が対応するから，

△ABC ≡ △ [②　　　　] ←対応する頂点の順に並べます。

● 合同な図形の性質

教科書 p.108〜109

例題 **2**　右の図で，四角形 ABCD≡四角形 EFGH のとき，次のものを求めなさい。　▶▶ **3**

(1)　辺 BC，辺 EF の長さ

(2)　∠C，∠F の大きさ

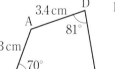

考え方　どの辺とどの辺が対応し，どの角とどの角が対応するか考えます。

答え　(1)　辺 BC と辺 FG が対応するから，

　　　　　BC＝FG＝ [①　　　　] cm

　　　　　辺 EF と辺 AB が対応するから，

　　　　　EF＝AB＝ [②　　　　] cm

記号≡を使っているときは，対応する頂点が順に並んでいるから，わかりやすい！
四角形 ABCD≡四角形 EFGH

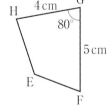

ここがポイント

　　　(2)　∠C と ∠G が対応するから，　∠C＝∠G＝ [③　　　　] °

　　　　　∠F と ∠B が対応するから，　∠F＝∠B＝ [④　　　　] °

1 【三角形の合同】下の図で，合同な三角形の組を2組選んで，合同であることを，記号≡を使って表しなさい。

教科書 p.108

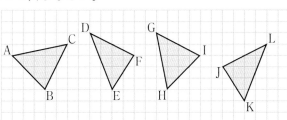

⚠ミスに注意

≡を使うときは，対応する頂点を順に並べます。

2 【三角形の合同】下の図の2つの合同な三角形について，次の問いに答えなさい。

教科書 p.109問1

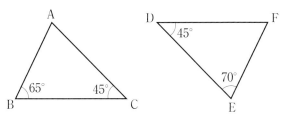

⚠ミスに注意

(2) 対応する辺を答えるときも，対応する頂点を順に並べます。

□(1)　2つの三角形が合同であることを，記号≡を使って表しなさい。

□(2)　辺 AC に対応する辺，∠B に対応する角を答えなさい。

3 【合同な図形の性質】下の図で，四角形 ABCD≡四角形 EFGH であるとき，次の問いに答えなさい。

教科書 p.109問1

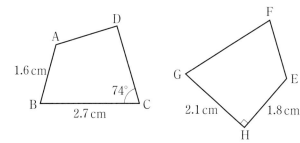

●キーポイント

四角形 ABCD
≡四角形 EFGH
対応する頂点が順に並んでいます。

□(1)　辺 AD, EF の長さを求めなさい。

□(2)　∠D, ∠G の大きさを求めなさい。

□(3)　△DAC と合同な三角形を記号≡を使って表しなさい。

例題の答え **1** ①K　②JLK　**2** ①5　②3　③80　④70

4章　図形の調べ方
1節　平行と合同
③　三角形の合同 ── ②

●三角形の合同条件の利用

教科書 p.110

例題 1 下の図の三角形を，合同な三角形の組に分けなさい。　▶▶① ③

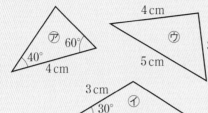
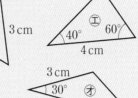
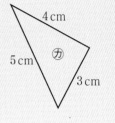

考え方　どの合同条件にあてはまるか考えます。

答え　3組の辺が，それぞれ等しいから，⑦と ①[　　　]

2組の辺とその間の角が，それぞれ等しいから，④と ②[　　　]

1組の辺とその両端の角が，それぞれ等しいから，⑦と ③[　　　]

プラスワン　合同とはいえない例

・2組の辺と1組の角がそれぞれ等しくても，
　合同とは限りません。

・1組の辺と2組の角がそれぞれ等しくても，
　合同とは限りません。

例題 2 右の図で，線分 AB と CD が，AE＝CE，DE＝BE となる
ように点 E で交わっています。この図で，合同な三角形
の組を，記号≡を使って答えなさい。
また，そのとき使った合同条件を答えなさい。　▶▶②

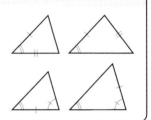

考え方　2つの三角形の対応する頂点を考えます。

答え　AE＝CE，DE＝BE より，2組の辺がそれぞれ等しい。
線分 AB と CD による対頂角だから，∠AED＝∠CEB
より，2組の辺の間の角も等しい。

合同条件を意識して，
2つの三角形を見よう。

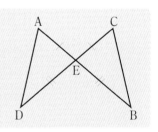

よって，合同な三角形の組は，　　△AED≡△①[　　　]

また，合同条件は，②[　　　　　　　]が，それぞれ等しい。

1 【三角形の合同条件の利用】下の図の三角形の中から，合同な三角形の組をすべて選び，
□ 記号 ≡ を使って表しなさい。
また，そのとき使った合同条件を，それぞれ答えなさい。

教科書 p.110 問 4

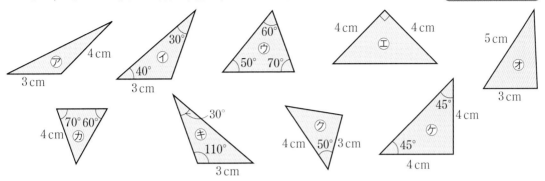

2 【三角形の合同条件の利用】下の図で，線分 AB と CD が，AE＝BE，CE＝DE となるよう
□ に，点 E で交わっています。この図で，合同な三角形の組を，記号 ≡ を使って答えなさい。
また，そのとき使った合同条件を答えなさい。

教科書 p.110 問 5

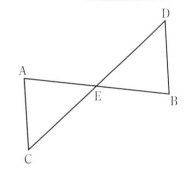

3 【三角形の合同条件の利用】A さんと B さんが，下の(1)～(3)の三角形をかきます。2 人が
かく三角形は，かならず合同であるといえますか。(1)～(3)のそれぞれについて答えなさい。

教科書 p.111 練習問題 2

□(1) 2 つの内角の大きさが 70° の三角形

□(2) 直角をはさむ 2 辺の長さが 3 cm と 5 cm の直角三角形

□(3) 1 辺の長さが 10 cm で，2 つの内角が 40° と 70° の三角形

> ●キーポイント
> 簡単な図をかいてみま
> す。
> 合同条件にぴったりあ
> てはまれば，かならず
> 合同であるといえます。

右側の欄: 4 章　教科書 109 ～ 111 ページ

例題の答え **1** ①⑰　②⑦　③⑤　**2** ①CEB　②2 組の辺とその間の角

1節　平行と合同　1〜3

よく出る 1 下の図で，$\ell /\!/ m$ のとき，$\angle x$，$\angle y$ の大きさを，それぞれ求めなさい。

□(1)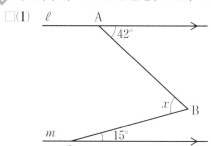

□(2)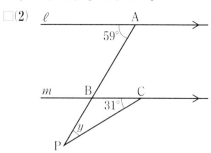

2 下の図で，$\angle x$ の大きさを，それぞれ求めなさい。

□(1)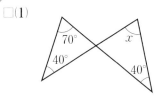

□(2)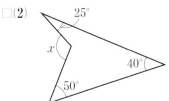

□(3)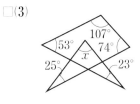

よく出る 3 次の問いに答えなさい。

□(1) 1つの内角の大きさが $156°$ である正多角形は正何角形ですか。

□(2) 1つの外角の大きさが $30°$ である正多角形は正何角形ですか。

4 右の図で，点 P は，$\angle ABC$，$\angle ACB$ の二等分線の交点です。

□(1) $\angle A = 50°$ のとき，$\angle BPC$ の大きさを求めなさい。

□(2) $\angle BPC = 126°$ のとき，$\angle A$ の大きさを求めなさい。

□(3) $\angle A = x°$，$\angle BPC = y°$ として，x と y の関係を式に表しなさい。

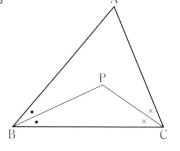

ヒント 1 (1)点 B を通り，$\ell /\!/ n (m /\!/ n)$ となる直線 n をひいてみましょう。
4 (1)$\angle PBC + \angle PCB = (180° - 50°) \div 2 = 65°$

●三角形の合同条件をしっかり理解しよう。
　三角形の合同条件は絶対に覚えよう。また，２つの三角形が合同かどうかを調べるときには，等しい辺や角に印をつけるようにするといいよ。

5 A さんと B さんが，下の⑴～⑶の三角形をかきます。２人がかいた三角形は，かならず合同であるといえますか。⑴～⑶のそれぞれについて答えなさい。

☐⑴　１辺の長さが４cm の正三角形

☐⑵　３つの内角が 30°，60°，90° の直角三角形

☐⑶　等しい辺の長さが７cm で，１つの内角の大きさが 40° の二等辺三角形

6 下の⑴で，AC＝DC，BC＝EC のとき，△ABC≡△DEC となります。また，⑵で，PQ＝SR，PR＝SQ のとき，△PQR≡△SRQ となります。それぞれの合同条件を答えなさい。

☐⑴
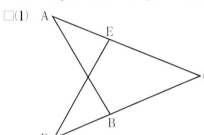

☐⑵
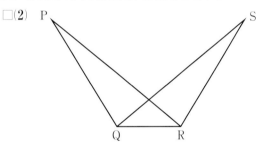

7 四角形 ABCD と四角形 EFGH があって，AB＝EF，BC＝FG，CD＝GH，DA＝HE です。次の問いに答えなさい。ただし，へこんだ四角形は考えません。

☐⑴　この２つの四角形は合同であるといえますか。

☐⑵　∠B＝∠F のとき，△ABC≡△EFG です。合同条件を答えなさい。

☐⑶　∠B＝∠F のとき，△ACD≡△EGH です。その理由を説明しなさい。

☐⑷　∠B＝∠F のとき，四角形 ABCD≡ 四角形 EFGH であるといえますか。

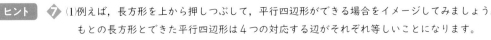

ヒント　**7**　⑴例えば，長方形を上から押しつぶして，平行四辺形ができる場合をイメージしてみましょう。もとの長方形とできた平行四辺形は４つの対応する辺がそれぞれ等しいことになります。

4章　図形の調べ方
2節　証明
1　証明とそのしくみ

●仮定と結論

教科書 p.113〜114

<table>
<tr><td>例題
1</td><td>次のことがらについて，仮定と結論を答えなさい。</td><td>▶▶**1**</td></tr>
</table>

(1)　△ABC≡△DEF ならば，∠C＝∠F である。

(2)　x が 15 の倍数ならば，x は 5 の倍数である。

考え方　　　(ア)　　ならば，　　(イ)　　である。

このとき，　　(ア)　　の部分が仮定，　　(イ)　　の部分が結論です。

答え　(1)　仮定は，△ABC≡[①　　　　]

結論は，[②　　　　]＝∠F

(2)　仮定は，[③　　　　　　　]

結論は，[④　　　　　　　]

仮定の後ろが，「ならば」
ではなく「のとき」の場合
もあります。

●証明のしくみ

教科書 p.114〜116

例題
2
右の図は，直線 ℓ 上の点 O を通る直線 ℓ の垂線 OP
の作図を示しています。

∠POA＝∠POB＝90° となることを証明するときの，
すじ道をまとめなさい。　▶▶**23**

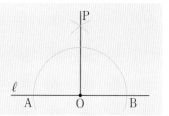

考え方　まず，仮定と結論を明確に示します。

次に，仮定から結論を導くための，根拠となることがらを示します。

答え　△POA と △POB で，

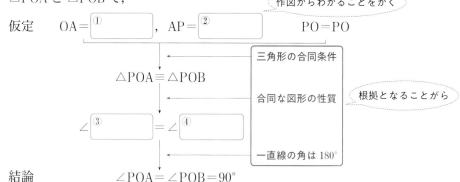

作図からわかることをかく

仮定　　OA＝[①　　　]　，　AP＝[②　　　]　　　　PO＝PO

↓

△POA≡△POB ← 三角形の合同条件

合同な図形の性質　　　根拠となることがら

∠[③]＝∠[④]

← 一直線の角は 180°

結論　　　　∠POA＝∠POB＝90°

プラスワン　**証明**

すでに正しいと認められていることがらを根拠として，仮定から結論を導くことを証明といいます。

1 【仮定と結論】次のことがらについて，仮定と結論を答えなさい。

教科書 p.114 問 1

□(1) AB＝BC，BC＝CD ならば，AB＝CD である。

●キーポイント
「ならば」の前が仮定，
後ろが結論です。

□(2) 2直線が平行ならば，同位角は等しい。

2 【証明のしくみ】下の図で，AB∥CD，AO＝DO ならば，BO＝CO であることを証明します。

教科書 p.116 例 1

□(1) 仮定と結論を答えなさい。

□(2) この証明のすじ道をまとめると，次のようになります。①，②にあてはまる根拠となることがらを右の⑦～㋑から選び，記号で答えなさい。

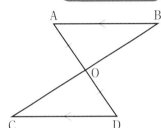

△ABO と △DCO で，

仮定 | AB∥CD，AO＝DO | | ∠AOB＝∠DOC，∠OAB＝∠ODC |

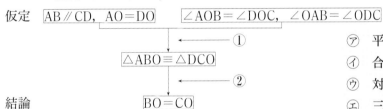

⑦ 平行な2直線の性質
⑦ 合同な図形の性質
⑦ 対頂角の性質
㋑ 三角形の合同条件

3 【証明のしくみ】下の図で，ℓ∥m ならば，∠a＋∠b＝∠x であることを，次のように証明しました。

教科書 p.116 問 3

〔証明〕 点 C を通り，ℓ，m に平行な直線 CD をひくと，

$$\angle a = \angle ACD \quad \cdots\cdots ①$$
$$\angle b = \angle BCD \quad \cdots\cdots ②$$

①，②より，$\angle a + \angle b = \angle ACD + \angle BCD = \angle x$

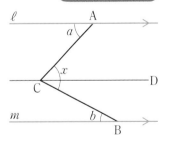

□(1) 仮定と結論を答えなさい。

□(2) 次の □ をうめて，上の①を導くために使った根拠を完成しなさい。

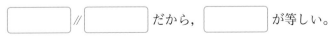

●キーポイント
(2) 平行線の性質を
使っています。

例題の答え **1** ①△DEF ②∠C ③x が 15 の倍数 ④x は 5 の倍数 **2** ①OB ②BP ③POA ④POB

●証明の進め方

教科書 p.117〜118

例題
1

右の図で，AB＝DC，AC＝DB ならば，
∠BAC＝∠CDB であることを証明します。　▶▶**1**

(1) どの三角形とどの三角形の合同を示せばよいです
か。

(2) 三角形の合同条件のどれを使えばよいですか。

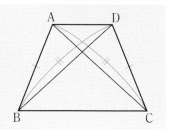

考え方　(1)　∠BAC，∠CDB を，それぞれ角にもつ２つの三角形に着目します。

(2)　覚えた３つの合同条件のうち，あてはまるものを使います。

答え　(1)　∠BAC を角にもつ △ABC と，∠CDB を角にもつ △DCB の合同を示せばよい。

よって，△ABC と △$\boxed{^{①}}$

(2)　BC が共通だから，BC＝CB である。

よって，使う合同条件は，

$\boxed{^{②}}$ が，それぞれ等しい。

合同を示せれば，対応する
角の大きさや，辺の長さが
等しいことがいえます。

●証明を書く

教科書 p.118〜119

例題
2

右の図の四角形 ABCD で，AB＝AD，∠BAC＝∠DAC
ならば，BC＝DC であることを証明しなさい。　▶▶**2**

考え方　BC，DC をそれぞれ辺にもつ，△ABC と △ADC に着目
します。

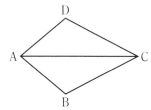

証明　△ABC と △ADC で，

仮定より，AB＝AD　　　……㋐

∠BAC＝∠DAC　　　……㋑

AC は共通だから，

AC＝$\boxed{^{①}}$　　　……㋒

㋐，㋑，㋒から，$\boxed{^{②}}$ が，

それぞれ等しいので，

△$\boxed{^{③}}$≡△ADC

合同な図形では，対応する $\boxed{^{④}}$ は等しいので，

BC＝DC

等しい辺や角に印をつけると，
わかりやすいです。

プラスワン	合同を利用する証明

対応する頂点は，すべて順に並べます。

1 【証明の進め方】右の図のように，AB∥CD の折れ線 ABCD で，線分 BC の中点 O を通る直線 ℓ が AB，CD と，それぞれ点 P，Q で交わっています。このとき，BP＝CQ になります。これを証明するとき，次の問いに答えなさい。

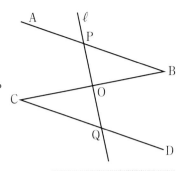

教科書 p.117～118

□(1) 結論 BP＝CQ を導くには，どの三角形とどの三角形の合同を示せばよいですか。

●キーポイント
まず，等しい辺や角に印をつけます。

□(2) (1)で答えた 2 つの三角形の合同を示すには，三角形の合同条件のどれを使えばよいですか。

2 【証明を書く】右の図のように，四角形 ABCD があり，点 E は辺 BC の中点です。AE＝DC，AE∥DC のとき，∠ABE＝∠DEC となることを証明します。□ をうめて証明を完成しなさい。

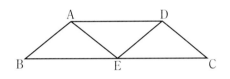

教科書 p.119 問 1

〔証明〕　△ABE と △[① 　　　　] で，

　　　　仮定より，[② 　　　　]＝EC ……㋐

　　　　　　　　　　AE＝DC ……㋑

▲ミスに注意
対応する頂点は，すべて順に並べます。

　　　　平行線の [③ 　　　　] は等しいので，AE∥DC から，

　　　　　　　∠[④ 　　　　]＝∠DCE ……㋒

　　　　㋐，㋑，㋒から，[⑤ 　　　　　　　　] が，それぞれ等しいので，

　　　　　　　　△ABE≡△DEC

　　　　合同な図形では，[⑥ 　　　　　　　　] は等しいので，

　　　　　　　∠ABE＝∠DEC

① 右の図で，△ABC と △DCE が正三角形で，B，C，E が一直線に並ぶとき，AE＝BD です。この証明のすじ道をまとめると，次のようになります。

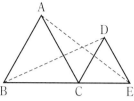

$$\triangle ACE と \triangle \boxed{}^{⑦} で，$$

〔仮定〕　$AC＝\boxed{}^{④}$，　$CE＝\boxed{}^{⑦}$，　$\angle ACE＝\angle\boxed{}^{⑨}$　……①

$$\downarrow \longleftarrow \boxed{}^{⑦}$$

$$\triangle ACE \equiv \triangle \boxed{}^{⑦}$$

$$\downarrow \longleftarrow \text{合同な図形の性質}$$

〔結論〕　　　　　　$AE＝BD$

□(1)　上の ◯ にあてはまるものを答えなさい。

□(2)　次の ◯ をうめて，上の①を導くために使った根拠を完成しなさい。

△ABC と △DCE は，ともに正三角形だから，$\angle DCE＝\angle ACB＝60°$　……②

また，$\angle ACE＝\angle DCE＋\angle\boxed{}^{⑦}$，　$\angle\boxed{}^{④}＝\angle ACB＋\angle\boxed{}^{⑦}$　……③

②，③から，$\angle ACE＝\angle\boxed{}^{⑨}$

② 右の図のように，長さの等しい2つの線分 AB，CD が，点 O で交わっています。このとき，AO＝CO ならば，AD＝CB であることを証明します。◯ をうめて証明を完成しなさい。

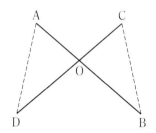

〔仮定〕　$AB＝CD,$　$\boxed{}$

〔結論〕　$\boxed{}$

〔証明〕　$\triangle AOD と \triangle \boxed{}^{⑦} で，$

仮定より，$\boxed{}^{④}＝\boxed{}^{⑦}$　　　　　　　……①

$AB＝CD と ①から，\boxed{}^{⑨}＝\boxed{}^{⑦}$　　　……②

$\boxed{}^{⑦}$ 角は等しいから，$\angle\boxed{}^{⑦}＝\angle\boxed{}^{⑦}$　……③

①，②，③から，$\boxed{}^{⑦}$ が，それぞれ等しいので，

$$\triangle AOD \equiv \triangle \boxed{}^{⑩}$$

合同な図形では，対応する辺の長さは等しいので，$\boxed{}^{⑨}＝\boxed{}^{⑳}$

ヒント **②** AB＝CD と AO＝CO から，AB－AO＝CD－CO が成り立ちます。
これは，「a＝b，c＝d ならば，a－c＝b－d である。」を根拠として使っています。

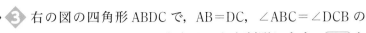
3 右の図の四角形 ABDC で，AB＝DC，∠ABC＝∠DCB の
とき，∠BAC＝∠CDB となることを証明します。□ を
うめて，証明を完成しなさい。

〔仮定〕 □

〔結論〕 □

〔証明〕 △ABC と △ で，

仮定より， AB＝ □⁽イ⁾ ……①

∠ABC＝∠ □⁽ウ⁾ ……②

BC は □⁽エ⁾ だから，BC＝ □⁽オ⁾ ……③

①，②，③から， □⁽カ⁾ が，それぞれ等しいので，

△ABC≡△ □⁽キ⁾

合同な図形では， □⁽ク⁾ は等しいので，

∠BAC＝∠CDB

4 右の図のように，平行な 2 直線 AB，CD に直線 EF が交
わっています。このとき，∠AEF の二等分線を EG，
∠DFE の二等分線を FH とすると，GE∥FH となります。
このことを証明しなさい。

〔仮定〕

〔結論〕

〔証明〕

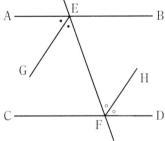

ヒント **4** GE∥FH がいえるための条件を考えます。また，$2a＝2b → a＝b$

解答▶▶ p.27   85

4章 図形の調べ方

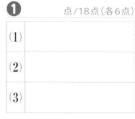

時間30分 /100点　合格70点

❶ 下の図で，ℓ // m のとき，∠x の大きさを，それぞれ求めなさい。知

(1)　(2)　(3)

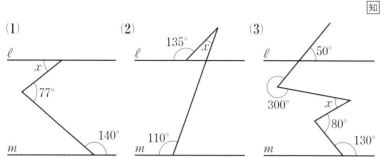

❶ 点/18点（各6点）

(1)	
(2)	
(3)	

❷ 下の図で，∠x の大きさを，それぞれ求めなさい。知

(1)
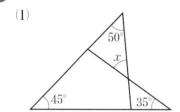

(2)
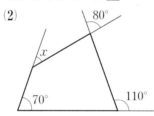

❷ 点/12点（各6点）

(1)	
(2)	

❸ 右の図で，
∠A＋∠B＋∠C＋∠D＋∠E
を求めなさい。知

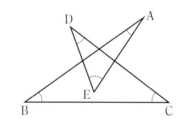

❸ 点/6点

❹ 右の図で，△ABC，△ECD は
ともに正三角形で，点 B，C，
D は同じ直線上にあります。
また，AD と BE の交点を P
とします。考

(1) △BCE と合同な三角形を
答えなさい。

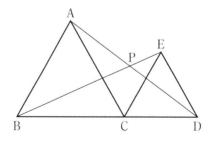

❹ 点/14点（各7点）

(1)	
(2)	

(2) ∠BPD の大きさを求めなさい。

成績評価の観点　知…数量や図形などについての知識・技能　考…数学的な思考・判断・表現

⑤ 右の図の四角形 ABCD で，BA と CD の延長の交点を E，AD と BC の延長の交点を F とし，∠BEC，∠AFB の二等分線の交点を G とします。
∠DAB＝80°，∠BCD＝70° のとき，∠EGF の大きさを求めなさい。 考

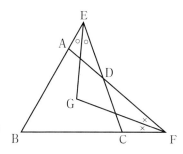

⑥ 正三角形 ABC で，辺 AB，AC 上に AD＝CE となるように，点 D，E をとると，CD＝BE であることを証明します。 考

(1) 仮定と結論を答えなさい。

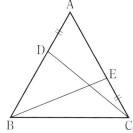

(2) どの三角形とどの三角形が合同であることを示せばよいですか。

(3) (2)の三角形の合同を示すには，三角形の合同条件のどれを使えばよいですか。

(1)	仮定
	結論
(2)	
(3)	
	(1完答)

4 章

教科書94〜123ページ

⑦ 正方形 ABCD の対角線 BD 上に点 E をとり，AE の延長が CD と交わる点を F とすると，∠BCE＝∠AFD です。
これを次のように証明しました。□にあてはまるものを入れなさい。 考

〔証明〕 AB∥DC で，錯角は等しいから，
∠BAF＝∠ ⑦ 　　……①
△ABE と △CBE で，
AB＝ ④ 　　……②
BE＝BE 　　……③
∠ABE＝∠ ⑨ ＝45°　……④
②，③，④から，| ① |　ので，
△ABE≡△CBE
合同な図形では，対応する角の大きさは等しいので，
∠BAE＝∠ ④ 　　……⑤
よって，①と⑤から，∠BCE＝∠ ⑨

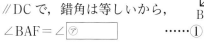

⑦
④
⑨
①
④
⑨

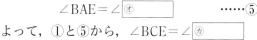

●角

・対頂角 ∠b と ∠c
　同位角 ∠a と ∠c
　錯角 ∠a と ∠b

・対頂角は等しい。

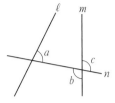

●平行線の性質

2つの直線に1つの直線が交わるとき，次のことが成り立ちます。

① 2つの直線が平行ならば，同位角は等しい。

② 2つの直線が平行ならば，錯角は等しい。

●平行線になるための条件

2つの直線に1つの直線が交わるとき，次のことが成り立ちます。

① 同位角が等しいならば，この2つの直線は平行である。

② 錯角が等しいならば，この2つの直線は平行である。

●三角形の内角・外角の性質

① 三角形の3つの内角の和は180°である。

② 三角形の1つの外角は，そのとなりにない2つの内角の和に等しい。

●多角形の内角と外角

① n角形の内角の和は，$180° \times (n-2)$ である。

② 多角形の外角の和は，360°である。

●合同な図形の性質

① 合同な図形では，対応する線分の長さは，それぞれ等しい。

② 合同な図形では，対応する角の大きさは，それぞれ等しい。

●三角形の合同条件

2つの三角形は，次のそれぞれの場合に合同です。

① 3組の辺が，それぞれ等しいとき

② 2組の辺とその間の角が，それぞれ等しいとき

③ 1組の辺とその両端の角が，それぞれ等しいとき

●仮定と結論

「▢ ならば，■」の形に書かれたことがらで，▢ の部分を仮定，■ の部分を結論といいます。

(例)「$a=b$ ならば，$a-c=b-c$ である。」ということがらで，
　　仮定は，$a=b$
　　結論は，$a-c=b-c$

●三角形の合同を使った図形の性質の証明の進め方

① 仮定と結論を明確にする。

② 結論の辺や角をふくむ2つの三角形に着目する。

③ 着目した2つの三角形で，等しい辺や角を見つける。

④ 三角形の合同条件のどれが根拠として使えるか判断し，合同であることを示す。

⑤ 合同な図形の性質を根拠にして，結論を導く。

5章　図形の性質と証明

□**三角形の合同条件**　　　　　　　　　　　　　　　◀ 中学 2 年

　2 つの三角形は，次のそれぞれの場合に合同である。

①3 組の辺が，それぞれ等しいとき

②2 組の辺とその間の角が，それぞれ等しいとき

③1 組の辺とその両端の角が，それぞれ等しいとき

❶ 次の □ にあてはまることばを答えなさい。　　　◀ 小学 3 年〈二等辺三角
　　　　　　　　　　　　　　　　　　　　　　　　　　　形，正三角形〉

　(1)　2 つの辺の長さが等しい三角形を，□□□□□□ とい

　　　う。二等辺三角形では，2 つの角の大きさが □□□□。

　(2)　3 つの辺の長さが等しい三角形を，□□□□□ という。

　　　正三角形では，□□□□ の角の大きさがみんな等しい。

ヒント
三角形の辺の長さや
角の大きさに目をつ
けると……

❷ 下の図の三角形の中から，合同な三角形の組をすべて選び，記号　◀ 中学 2 年〈三角形の合
≡ を使って表しなさい。　　　　　　　　　　　　　　　　　　　同条件〉
また，そのとき使った合同条件を，それぞれ答えなさい。

ヒント
それぞれの三角形に
ついて，どの辺の長
さや角の大きさが等
しいかに着目すると
……

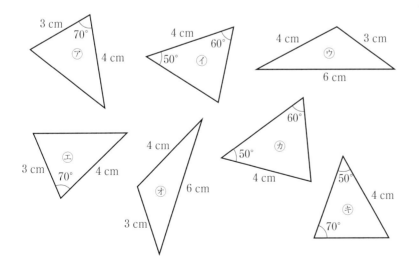

5
章

●二等辺三角形の性質

教科書 p.126〜128

例題1 右の図の二等辺三角形 ABC で，∠C，∠A の大きさを求めなさい。　▶▶**1 2**

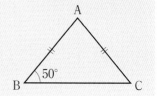

考え方　二等辺三角形の 2 つの底角は等しいことを使います。

2つの辺が等しい三角形を二等辺三角形といいます。

答え　∠C＝∠B＝ ① [　　　]°

∠A＝180°−50°×2＝ ② [　　　]°

●二等辺三角形になることの証明

教科書 p.128〜130

例題2 右の図の △ABC が二等辺三角形であることを証明しなさい。　▶▶**3**

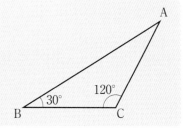

考え方　2 つの角が等しい三角形は，二等辺三角形です。
2 つの角が等しいことを示します。

証明　　　∠A＝180°−30°−120°＝ ① [　　　]°

よって，∠A＝∠ ② [　　　]

∠C が頂角になる

2 つの角が等しいから，△ABC は二等辺三角形である。

プラスワン　定義，定理
定義…ことばの意味をはっきり述べたもの 　　（例）　2 つの辺が等しい三角形を二等辺三角形という。 **定理**…証明されたことがらのうち，基本になるもの 　　（例）　2 つの角が等しい三角形は，二等辺三角形である。 　　　　　二等辺三角形の頂角の二等分線は，底辺を垂直に 2 等分する。

1 【二等辺三角形の性質】下の図の二等辺三角形で，∠B，∠C の大きさを，それぞれ求めなさい。 教科書 p.128 問 3

☐(1)
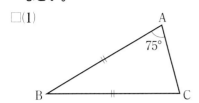

☐(2)
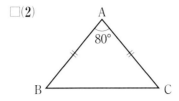

● キーポイント
2 つの底角が等しいことを使います。

2 【二等辺三角形の性質】下の図で，AB＝AC のとき，∠x の大きさを，それぞれ求めなさい。 教科書 p.128 問 3

☐(1)
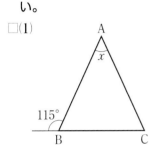

☐(2)
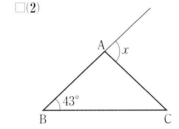

● キーポイント
三角形の内角と外角の関係を使います。

3 【二等辺三角形の性質の証明】右の図のように，二等辺三角形
☐ ABC の頂角 A の二等分線と辺 BC との交点を P とします。
このとき，AP⊥BC，BP＝CP となることを次のように証明しました。☐をうめて証明を完成しなさい。 教科書 p.128

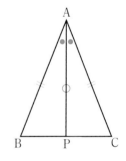

〔証明〕 図のように，[① _____] が，

それぞれ等しいので，

△ABP ≡ △[②_____]

よって，[③_____]＝CP ……⑦

∠APB＝∠APC

また，∠APB＋∠[④_____]＝180° より，

2∠[⑤_____]＝180°

したがって，∠APB＝[⑥_____]° ……④

⑦，④より， AP⊥BC，BP＝CP

● キーポイント
二等辺三角形の定理
「二等辺三角形の頂角の二等分線は，底辺を垂直に 2 等分する。」の証明です。

●逆

教科書 p.131〜132

例題
1
次のことがらの逆を答えなさい。
また，それが正しいかどうかを調べて，正しくない場合には反例を示しなさい。

▶▶ 1 2

(1)　△ABC と △DEF で，AB＝DE，BC＝EF，CA＝FD ならば，
△ABC≡△DEF である。

(2)　$a＝2$，$b＝3$ ならば，$a＋b＝5$ である。

考え方　仮定と結論を入れかえます。

答え　(1)　逆　△ABC と △DEF で，| ① 　　　　　　 | ならば，

AB＝DE，BC＝EF，CA＝FD である。

合同な図形の対応する辺は等しいので，これは，正しい。

p ならば，q

逆

q ならば，p

△ABC≡△DEF ならば，

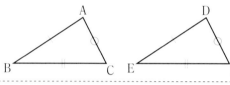

(2)　逆　$a＋b＝5$ ならば，| ② 　　　　　 | である。

$a＋b＝5$ のとき，$a＝1$，$b＝4$ のこともあるから，これは正しくない。

反例　$a＝1$，$b＝$| ③ |

結論が成り立たない場合の例。1つあれば正しくないといえる。

●正三角形の性質の証明

教科書 p.132〜133

例題
2
右の図の △ABC で，AB＝BC＝CA ならば，
∠A＝∠B＝∠C であることを証明しなさい。

▶▶ 3

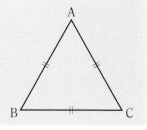

考え方　二等辺三角形の底角が等しいことを使います。

証明　AB＝AC から，∠B＝∠| ① |

BA＝BC から，∠| ② |＝∠C

よって，　　　∠A＝∠B＝∠C

| **プラスワン** | 正三角形 |

3つの辺がすべて等しい三角形を，正三角形といいます。
正三角形の1つの内角の大きさは 60° です。

1【逆】次のことがらの逆を答えなさい。

教科書 p.131 問 7

　□(1)　△ABC と △DEF で，
　　　　AB＝DE，AC＝DF，∠A＝∠D ならば，△ABC≡△DEF

⚠ミスに注意
まず，「△～で，」とし
て，どの三角形のこと
であるかを示します。

　□(2)　△ABC で，∠B＝∠C ならば，AB＝AC

絶対理解 **2**【逆】次のことがらの逆を答えなさい。
　　また，それが正しいかどうかを調べて，正しくない場合には反例を示しなさい。

教科書 p.132 問 8

　□(1)　$a>0$，$b>0$ ならば，$ab>0$

●キーポイント
反例は1つだけ示しま
しょう。

　□(2)　ある多角形で，内角の和が $1080°$ ならば，その多角形は八角形である。

3【正三角形の性質を使った証明】右の図の △ABC は正三角形です。
□　△ABC の辺 AB，BC 上に，それぞれ点 D，E を AD＝BE となる
　ようにとるとき，AE＝CD となることを次のように証明しました。
　[　　]をうめて，証明を完成しなさい。

教科書 p.132

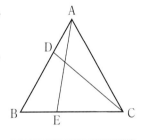

●キーポイント
正三角形の3つの辺や
角が等しいことを，
使っています。

　〔証明〕　△ABE と △[① 　　　]で，

　　　　仮定より，　　BE＝AD　　　……㋐
　　　　△ABC は正三角形だから，

　　　　　　　　AB＝[② 　　　]　　……㋑

　　　　　　　∠ABE＝∠[③ 　　　]　……㋒

　　　㋐，㋑，㋒から，
　　　2組の辺とその間の角が，それぞれ等しいので，

　　　　　　　　△ABE≡△[④ 　　　]

　　　合同な図形では，対応する辺の長さは等しいので，
　　　　　　　　AE＝CD

例題の答え **1** ①△ABC≡△DEF　②$a=2$，$b=3$　③4　**2** ①C　②A

5章　図形の性質と証明

1節　三角形
② 直角三角形の合同

● 直角三角形の合同条件

教科書 p.135〜137

例題 1

下の図の三角形を，合同な三角形の組に分けなさい。
また，そのとき使った合同条件を答えなさい。　　▶▶ **1 2**

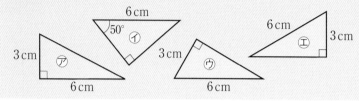

考え方　三角形の合同条件のほかに，直角三角形の合同条件を使います。

直角三角形の合同条件

❶　斜辺と1つの鋭角が，それぞれ等しい。

❷　斜辺と他の1辺が，それぞれ等しい。

> 直角三角形で，直角に対する辺を斜辺といいます。

❶ 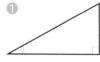 　　　　　❷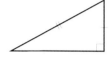

答え　㋐と㋕

合同条件　[①　　　　　　　　　]が，それぞれ等しい。

㋑の残りの角は40°だから，㋑と㋩

合同条件　直角三角形の斜辺と[②　　　　　　]が，それぞれ等しい。

㋒と㋓

合同条件　直角三角形の斜辺と[③　　　　　　]が，それぞれ等しい。

● 直角三角形の合同条件を使った証明

教科書 p.138

例題 2

右の図で，∠XOY の二等分線をひき，二等分線上の点Pから2辺 OX，OY に垂線 PA，PB をそれぞれひきます。
OA＝OB を証明するとき，次の問いに答えなさい。　▶▶ **2 3**

(1)　どの三角形とどの三角形の合同を示せばよいですか。

(2)　合同条件のどれを使えばよいですか。

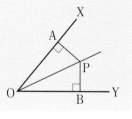

考え方　OA，OB をそれぞれ辺にもつ2つの直角三角形の合同を示します。

答え　(1)　△OAP と △[①　　　　]

(2)　∠OAP＝∠OBP＝[②　　　　]°，OP＝OP，∠AOP＝∠BOP

使う合同条件は，

直角三角形の斜辺と[③　　　　　]が，それぞれ等しい。

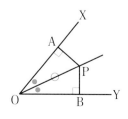

1 【直角三角形の合同条件】下の図の三角形を合同な三角形の組に分けなさい。
また，そのとき使った合同条件を答えなさい。

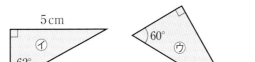

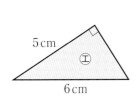
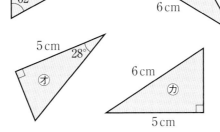

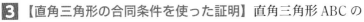

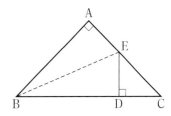

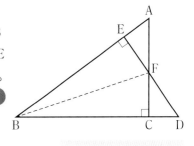

教科書 p.137 問 1

●キーポイント
残りの角がわかるなら
ば，求めます。

2 【直角三角形の合同条件を使った証明】右の図のように，
∠C＝90° の直角三角形 ABC の辺 BC の延長上に AB＝DB
となるように点 D をとります。点 D から辺 AB に垂線 DE
をひくとき，△ABC≡△DBE となることを証明しなさい。

教科書 p.138 例題 1

●キーポイント
２つの直角三角形の合
同条件のうち，どちら
にあてはまるか考えま
す。

3 【直角三角形の合同条件を使った証明】直角三角形 ABC の
斜辺 BC 上に，AB＝DB となるような点 D をとり，点 D を
通る BC の垂線をひき，AC との交点を E とします。この
とき，AE＝DE となることを証明しなさい。

教科書 p.138 例題 1

5
章

例題の答え **1** ①２組の辺とその間の角 ②１つの鋭角 ③他の１辺 **2** ①OBP ②90 ③１つの鋭角

1節　三角形　1, 2

1 右の図で，AB＝AC，BD は ∠ABC の二等分線で，BC＝BD です。

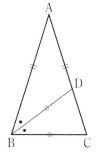

☐(1)　∠CBD＝x° とするとき，∠BDC の大きさを，x を使って表しなさい。

☐(2)　△BCD の内角の和を，x を使って表しなさい。

☐(3)　∠BAC の大きさを求めなさい。

2 右の図で，AO＝BO＝CO であるとき，△ABC はどんな三角形
☐ ですか。
また，その理由を説明しなさい。

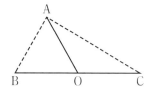

3 AB＝AC である △ABC で，AB，AC の中点をそれぞれ，M，N
☐ とするとき，CM＝BN です。仮定と結論を答え，このことを証明
しなさい。

よく出る

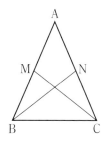

4 右の図で，△ABC は ∠A＝90° の直角三角形です。
☐ 頂点 A から辺 BC に垂線 AD をひき，∠B の二等分
線と，AD，AC との交点をそれぞれ E，F とするとき，
△AEF は二等辺三角形であることを証明しなさい。

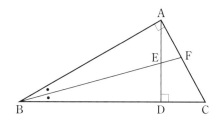

ヒント　**2** ∠OAB＝∠B，∠OAC＝∠C，∠BAC＋∠B＋∠C＝180° となります。
　　　　4 △EBD と △ABF の内角について考えます。

5 次のことがらの逆を答えなさい。
また，それが正しいかどうかを調べて，正しくない場合には反例を示しなさい。

□(1) $a>b$ ならば，$a^2>b^2$

□(2) △ABC と △DEF で，△ABC≡△DEF ならば，AB＝DE，BC＝EF，∠A＝∠D

□(3) 五角形 ABCDE で，∠A＋∠B＋∠D＝360° ならば，∠C＋∠E＝180°

6 右の図のように，正三角形 ABC と正三角形 ADE があり，D は辺 BC 上の点です。このとき，BD＝CE であることを証明しなさい。

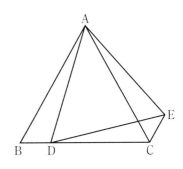

7 右の図のように，∠A が直角である直角二等辺三角形 ABC の頂点 A を通る直線 ℓ に，頂点 B，C から垂線 BD，CE をそれぞれひきます。

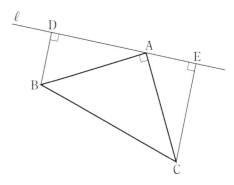

□(1) ∠BAD＝∠ACE であることを証明しなさい。

□(2) △ABD≡△CAE であることを証明しなさい。

□(3) DE＝BD＋CE であることを証明しなさい。

 ヒント 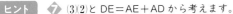 **7** (3)(2)と DE＝AE＋AD から考えます。

5章　図形の性質と証明

2節　四角形
1　平行四辺形の性質

●平行四辺形の性質

教科書 p.139〜140

 例題1　右の図の □ABCD で，AB∥GH，AD∥EF です。
このとき，図の x の値，∠a の大きさを，求め
なさい。　▶▶**1**

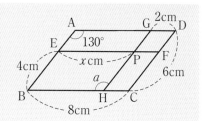

考え方　□ABCD は平行四辺形 ABCD と読みます。

次の平行四辺形の性質を使います。

❶　平行四辺形の2組の向かいあう辺は，それぞれ等しい。

❷　平行四辺形の2組の向かいあう角は，それぞれ等しい。

答え　四角形 AEPG は平行四辺形だから，

$$x=\mathrm{AG}=8-2=\boxed{}^{①}\ (\mathrm{cm})$$

四角形 ABHG は平行四辺形だから，

$$\angle a=\angle \mathrm{A}=\boxed{}^{②}{}^{\circ}$$

2組の向かいあう辺
が，それぞれ平行な
四角形を平行四辺形
といいます。

●平行四辺形の性質を使った証明

教科書 p.141

 **例題2**　右の図の □ABCD で，対角線の交点を O とします。
このとき，AO=CO，BO=DO となることを証明しな
さい。　▶▶**23**

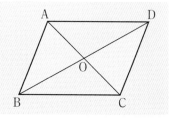

考え方　合同な2つの三角形に着目します。

証明　△OAB と △OCD で，

平行四辺形の $\boxed{}^{①}$ は，それぞれ

等しいから，AB=CD　……㋐

平行線の錯角は等しいので，AB∥DC から，

$$\angle\boxed{}^{②}=\angle\mathrm{OCD}\quad\cdots\cdots㋑$$

$$\angle\mathrm{OBA}=\angle\mathrm{ODC}\quad\cdots\cdots㋒$$

㋐，㋑，㋒から，$\boxed{}^{③}$ が，

それぞれ等しいので，△OAB≡△OCD

合同な図形では，対応する辺はそれぞれ等しいので，

AO=CO，BO=DO

平行四辺形の性質❸
「平行四辺形の対角
線は，それぞれの中
点で交わる。」
の証明です。

1 【平行四辺形の性質】右の図の □ABCD で，AB∥GH，AD∥EF です。　　教科書 p.142 練習問題1

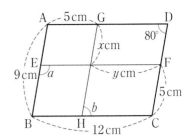

□(1)　x，y の値を求めなさい。

□(2)　∠a，∠b の大きさを求めなさい。

2 【平行四辺形の性質を使った証明】右の図の □ABCD で，∠B の二等分線が辺 AD，CD の延長と交わる点をそれぞれ E，F とします。このとき，BC＝CF であることを次のように証明しました。□をうめて証明を完成しなさい。　　教科書 p.140〜141

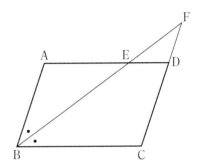

〔証明〕　△CBF で，

　　　仮定より，　　∠$\boxed{①}$ ＝∠CBF　……㋐

　　　AB∥FC から，平行線の錯角は等しいので，

　　　　　　　　　∠$\boxed{①}$ ＝∠CFB　……㋑

　　㋐，㋑から，∠$\boxed{②}$ ＝∠$\boxed{③}$

　　2つの角が等しいので，△CBF は $\boxed{④}$ 三角形である。

　　よって，　　　BC＝CF

3 【平行四辺形の性質を使った証明】右の図のように，□ABCD の対角線 BD 上に，DE＝BF となるように点 E，F をとり，A と E，C と F をそれぞれ結びます。このとき，AE＝CF となることを証明しなさい。　　教科書 p.140〜141

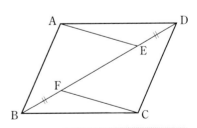

●キーポイント
△AED と △CFB に着目します。

例題の答え　**1** ①6　②130　**2** ①2組の向かいあう辺　②OAB　③1組の辺とその両端の角

●平行四辺形になるための条件

教科書 p.143～145

| 例題 1 | 次の⑦～⊆の四角形 ABCD のうち，平行四辺形であるといえるものはどれですか。ただし，O は対角線の交点とします。 ▶▶**1** |

⑦　∠A＝120°，∠B＝60°，∠C＝120°，∠D＝60°

⑦　AB∥DC，AB＝7 cm，DC＝7 cm

⑦　AO＝4 cm，BO＝4 cm，CO＝5 cm，DO＝5 cm

⑤　AB＝6 cm，BC＝9 cm，CD＝6 cm，DA＝9 cm

考え方 次の平行四辺形になるための条件にあてはまるものを選びます。

❶ 2組の向かいあう辺が，それぞれ平行である。

❷ 2組の向かいあう辺が，それぞれ等しい。

❸ 2組の向かいあう角が，それぞれ等しい。

❹ 対角線が，それぞれの中点で交わる。

❺ 1組の向かいあう辺が，等しくて平行である。

簡単な図をかいて考えると，わかりやすいです。

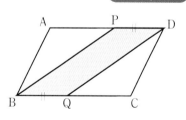

答え ⑦は❸にあてはまる。　①_____は❺にあてはまる。

②_____は❷にあてはまる。

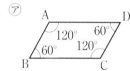

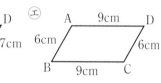

よって，平行四辺形であるといえるものは，③_____，④_____，⑤_____

●平行四辺形になることの証明

教科書 p.146

| 例題 2 | 右の図のように，▱ABCD の辺 AD，BC 上に，PD＝BQ となるように，点 P，Q をとります。このとき，四角形 PBQD は平行四辺形であることを証明しなさい。 ▶▶**2 3** |

考え方 平行四辺形になるための条件の1つを使います。

証明 四角形 PBQD で，

仮定より，　　PD＝BQ　　　……⑦

平行四辺形の2組の向かいあう辺は，それぞれ平行なので，

AD∥BC から，PD ①_____ BQ　……①

⑦，①から，②_____なので，

四角形 PBQD は平行四辺形である。

平行四辺形になるための条件

1 【平行四辺形になるための条件】次の⑦〜⑦の四角形 ABCD のうち，平行四辺形であると
□ いえるものはどれですか。ただし，O は対角線の交点とします。

教科書 p.145 問 4

　　⑦　OA＝3 cm，OB＝5 cm，OC＝3 cm，OD＝5 cm

　　⑦　△ABD≡△CBD

　　⑦　AD＝BC，∠BAD＋∠ABC＝180°

⚠ ミスに注意

⑦ 辺 BA を点 A のほ
　うへ延長して考え
　ます。

2 【平行四辺形になることの証明】右の図のように，
□ ▱ABCD の辺上に 4 点 P，Q，R，S があり，
AP＝BQ＝CR＝DS です。このとき，四角形 PQRS
は平行四辺形であることを，次のように証明しま
した。□ をうめて証明を完成しなさい。

教科書 p.146

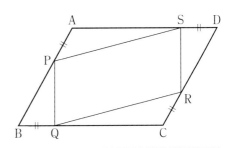

〔証明〕　△APS と △CRQ で，

　　　　　AP＝CR　　　……⑦

　　　　　∠A＝∠ [①　　　]　……⑦

　　　AD＝BC，DS＝BQ から，

　　　　　[②　　　]＝CQ　　……⑦

　　⑦，⑦，⑦から，[③　　　　　　　　　]が，

　　それぞれ等しいので，△APS≡△CRQ

　　よって，PS＝[④　　　]　　……⑦

　　△BQP と △DSR で，同じようにして，[⑤　　　]＝RS　……⑦

　　⑦，⑦から，[⑥　　　　　　　　　　　　]ので，

　　四角形 PQRS は平行四辺形である。

● キーポイント
証明で同じような内容
になるときは，「同じよ
うにして，〜」とするこ
とで，省略できます。

3 【平行四辺形になることの証明】下の図のように，▱ABCD の辺 BC の中点を M とし，AM
□ の延長と DC の延長との交点を E とします。このとき，四角形 ABEC は平行四辺形である
ことを証明しなさい。

教科書 p.146

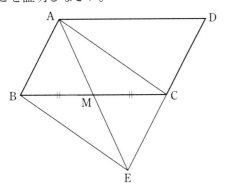

● キーポイント
平行四辺形になるため
の条件❹を使います。

例題の答え **1** ①⑦　②⑦　③⑦　④⑦　⑤⑦　**2** ①∥　②1 組の向かいあう辺が，等しくて平行

5章　図形の性質と証明
2節　四角形
③　いろいろな四角形

●長方形，ひし形，正方形　　　　　　　　　　　　　　　　教科書 p.147〜149

例題 1　□ABCD に，次の条件が加わると，それぞれ，
どんな四角形になるか答えなさい。　▶▶①③

(1)　AB＝AD

(2)　AB＝AD，∠A＝∠D

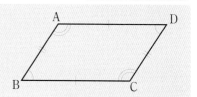

考え方　次の四角形の定義から考えます。

長方形　4つの角がすべて等しい四角形

ひし形　4つの辺がすべて等しい四角形

正方形　4つの辺がすべて等しく，
　　　　4つの角がすべて等しい四角形

長方形，ひし形，正方形は，
すべて平行四辺形です。

答え　(1)　4つの辺がすべて等しい四角形だから，①□□□□□。

(2)　4つの辺がすべて等しく，4つの角がすべて等しい

四角形だから，②□□□□□。

●四角形の対角線の性質　　　　　　　　　　　　　　　　　教科書 p.148〜149

例題 2　右の図のひし形 ABCD で，対角線の交点を O とす
るとき，AC⊥BD となることを証明しなさい。
　▶▶①②

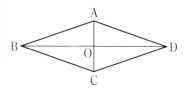

考え方　∠AOB＝∠AOD を示します。

ひし形は平行四辺形なので，平行四辺形の性質が使えます。

証明　△ABO と △ADO で，

ひし形の4つの辺はすべて等しいので，

AB＝①□□□□□　……⑦

平行四辺形の対角線は，それぞれの中点で交わるから，

②□□□□□＝DO　……⑦

平行四辺形の性質

ここがポイント

AO は共通だから，

AO＝AO　　　……⑨

⑦，⑦，⑨から，③□□□□□ が，それぞれ等しいので，

△ABO≡△ADO

よって，∠AOB＝∠AOD

∠AOB＋∠AOD＝180° だから，

∠AOB＝④□□□□°

したがって，AC⊥BD

プラスワン　**四角形の対角線の性質**

・長方形の対角線は，長さが等しい。

・ひし形の対角線は，垂直に交わる。

・正方形の対角線は，長さが等しく，垂直に交わる。

1 【長方形，ひし形，正方形】▱ABCD に，次の条件が加わると，それぞれ，どんな四角形になるか答えなさい。ただし，対角線の交点を O とします。

教科書 p.148〜149

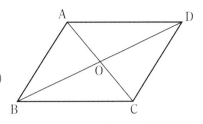

□(1)　∠A＝90°

□(2)　∠COD＝90°

□(3)　AC＝BD

□(4)　AC⊥BD，AO＝BO

> ●キーポイント
> (2)〜(4)　四角形の対角線の性質から考えます。

2 【四角形の対角線の性質】右の図で，正方形 ABCD の対角線の交点を O とします。
□　このとき，AC＝DB であることを証明しなさい。

教科書 p.148 問 2

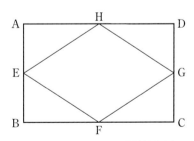

> ●キーポイント
> △ABC と △DCB に着目します。

3 【ひし形】右の図で，四角形 ABCD は長方形です。辺
□　AB，BC，CD，DA の中点をとり，それぞれ E，F，G，H とするとき，四角形 EFGH はひし形であることを証明しなさい。

教科書 p.147

> ●キーポイント
> ４つの三角形の合同を証明します。
> 同じような証明は，
> 「同じようにして，〜」
> と書いて，省略しましょう。

例題の答え　**1** ①ひし形　②正方形　**2** ①AD　②BO　③3組の辺　④90

● 底辺が共通な三角形

教科書 p.150

☐ **例題 1** 右の図の □PQRS で，△TQR と面積の等しい三角形はいくつありますか。　▶▶**1**

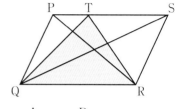

考え方 次のように，2直線の間にある，底辺が共通な三角形の性質から考えます。

❶　AD∥BC ならば，△ABC＝△DBC
❷　△ABC＝△DBC ならば，AD∥BC

答え PS∥QR より，△TQR と面積が等しい三角形は，
　　　　　　　　　△PQR，△SQR
　　　　PQ∥SR より，△PQR＝△PQS

　　　　　　　△SQR＝△^{①} ☐

　　　よって，^{②} ☐ 個。

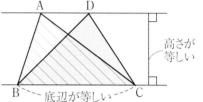

△ABC は，△ABC の面積を表すことがあります。△ABC＝△DBC は，2つの面積が等しいことを表します。

● 面積が等しい図形

教科書 p.151

☐ **例題 2** 右の図のような四角形 ABCD があります。辺 CB を延長した直線と，点 A を通り線分 DB に平行な直線の交点を E とします。このとき，四角形 ABCD＝△DEC となることを証明しなさい。　▶▶**2**

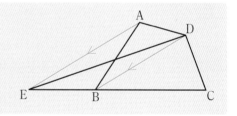

考え方 平行線の間にある，底辺が共通な三角形の面積が等しいことから考えます。

証明 四角形 ABCD と △DEC で，

　　　四角形 ABCD＝△ABD＋△^{①} ☐

　　　△DEC＝△^{②} ☐ ＋△DBC

　　　AE∥DB より，△^{③} ☐ ＝△EBD

　　　よって，四角形 ABCD＝△DEC

ここがポイント
平行線の間にある三角形

プラスワン　四角形 ABCD と面積が等しい △DEC のかき方

❶　対角線 DB をひく。
❷　辺 CB を延長した直線と，点 A を通り対角線 DB に平行な直線の交点を E とする。
❸　線分 DE をひく。

例題2 の図を見ながら，かいてみましょう。

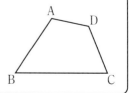

絶対理解 **1** 【底辺が共通な三角形】右の図で，四角形 ABCD は平
□ 行四辺形で，EF∥AC とします。

　このとき，図の中で，△AFC と面積が等しい三角形
をすべて答えなさい。　教科書 p.151 練習問題 1

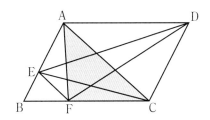

よく出る **2** 【面積が等しい図形】右の図のように，折れ線 ABC を境
□ 界とする 2 つの土地⑦，①があります。それぞれの土地
の面積が変わらないようにして，境界を，A を通る線分
AD にあらためることになりました。線分 AD をかき入
れなさい。　教科書 p.151 問 2

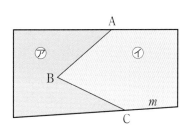

●キーポイント
①の面積が変わらない
ように，直線 m 上に
点 D をとります。

3 【四角形の性質の利用】右の図のように，4 本の棒が 4 点
□ P，Q，R，S で，固定されています。四角形 PQRS は，
これらの点を軸として，形を変えることができます。
また，PQ＝SR，PS＝QR となっています。
　このとき，四角形 PQRS において，いつも ∠SPQ＝∠QRS
であることを証明しなさい。　教科書 p.152〜153

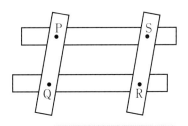

●キーポイント
四角形 PQRS が，いつ
もどんな四角形である
か考えます。

例題の答え **1** ①SPR　②4　**2** ①DBC　②EBD　③ABD

解答▶▶ p.34 105

1 右の図の □ABCD で，∠B＝72°，AB＝6 cm，
BC＝9 cm，CE は ∠BCD の二等分線，AB∥EF，
AD∥GH，AG＝2 cm で，点 I は線分 EF と GH の
交点です。

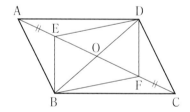

□(1)　FI の長さを求めなさい。

□(2)　∠CHG の大きさを求めなさい。

□(3)　∠AEC の大きさを求めなさい。

□(4)　AE の長さを求めなさい。

2 右の図のように，□ABCD の対角線 AC 上に，AE＝CF
となる 2 点 E，F をとります。このとき，四角形 EBFD
は平行四辺形であることを次の(1)，(2)の 2 通りの方法で
証明しなさい。

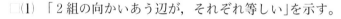

□(1)　「2組の向かいあう辺が，それぞれ等しい」を示す。

□(2)　「対角線が，それぞれの中点で交わる」を示す。

3 幅の等しい 2 本のテープを右の図のように重ねます。
□　このとき，テープが重なっている部分の四角形 ABCD
はひし形になります。それを，△ABE と △ADF が合
同になることから証明しなさい。

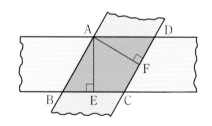

ヒント　**1** (4)△DEC が二等辺三角形になることに着目します。
　　　　3 幅の等しいテープだから，AE＝AF です。

4 右の図のように，□ABCD の 4 つの角の二等分線で囲まれてできる四角形を EFGH とします。このとき，四角形 EFGH は長方形であることを，次に続けて証明しなさい。

〔証明〕　AB∥DC だから，∠ABC＋∠BCD＝180°

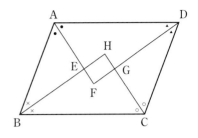

5 右の図のように，△ABC の辺 AB，AC の中点をそれぞれ D，E とします。DE の延長上に，DE＝EF となるような点 F をとり，四角形 ADCF をつくります。

(1) 四角形 DBCF は平行四辺形になることを証明しなさい。

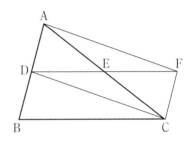

(2) 四角形 ADCF がひし形になるのは，△ABC がどんな三角形のときですか。

6 右の図の五角形 ABCDE の辺 CD を左右に延長し，その延長線上の C の左側に点 F，D の右側に点 G をとり，五角形 ABCDE と面積の等しい △AFG をかきなさい。

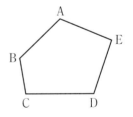

7 右の図で，□ABCD の対角線 AC に平行な直線が辺 AD，CD と交わる点をそれぞれ E，F とすると，△ABE＝△BCF となることを証明しなさい。

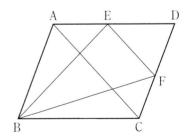

解答▶▶ p.35 107

5章　図形の性質と証明

❶ 右の図で，$\ell \parallel m$，△ABC は正三角形です。∠x の大きさを求めなさい。[知]

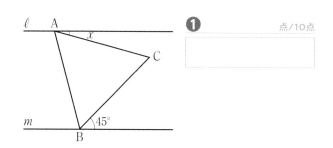

❶ 点/10点

❷ 下の図で，四角形 ABCD は，長方形，△BPQ は ∠PBQ＝90° の直角二等辺三角形です。P から BC にひいた垂線を PH とすると，△BPH≡△BQA であることを証明しなさい。[考]

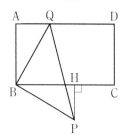

❷ 点/12点

❸ 右の図で，四角形 ABCD は平行四辺形で，AB＝AE，∠AFD＝90° です。∠B＝70° のとき，∠CDF の大きさを求めなさい。[知]

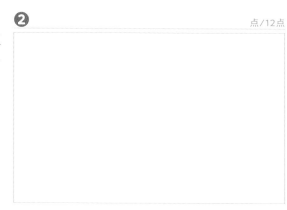

❸ 点/10点

❹ 下の図のように，□ABCD の 4 辺の中点を E，F，G，H とします。このとき，AG，BH，CE，DF で囲まれた四角形 PQRS は平行四辺形であることを証明しなさい。[考]

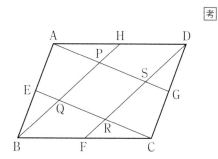

❹ 点/12点

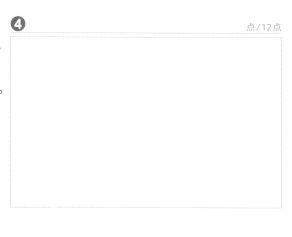

⑤ ▱ABCD で，頂点 A，C から対角線 BD にそれぞれ垂線をひき，その交点を E，F とします。このとき，△AFD≡△CEB となることを証明しなさい。 考

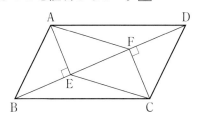

⑤ 点/12点

⑥ 対角線の長さが等しい平行四辺形 ABCD について，次の問いに答えなさい。 (1)知，(2)考

(1) 四角形 ABCD のもっとも適する名前を答えなさい。

(2) 対角線の長さが等しい平行四辺形 ABCD は，(1)になることを証明しなさい。

⑥ 点/20点（各10点）

(1)

(2)

⑦ ▱ABCD の辺 BC の中点を E とし，辺 AD 上に点 P をとります。
▱ABCD の面積が72 cm² であるとき，△PEC の面積を求めなさい。 知

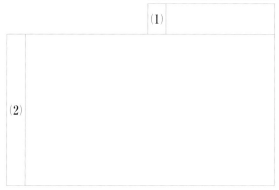

⑦ 点/12点

⑧ 右の図の四角形 ABCD で，BC の延長上に，△ABE の面積が，四角形 ABCD の面積に等しくなるように点 E をとります。点 F を通る直線をひいて，四角形 ABCD の面積を 2 等分しなさい。 考

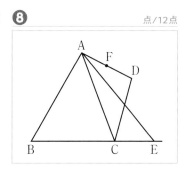

⑧ 点/12点

知 　/42点　　考 　/58点

●二等辺三角形の定義

2つの辺が等しい三角形を二等辺三角形といいます。

●二等辺三角形の性質

1 二等辺三角形の2つの底角は等しい。

2 二等辺三角形の頂角の二等分線は，底辺を垂直に2等分する。

●二等辺三角形になるための条件

2つの角が等しい三角形は，二等辺三角形です。

●ことがらの逆

・2つのことがらが，仮定と結論を入れかえた関係にあるとき，一方を他方の**逆**といいます。

・あることがらの仮定にあてはまるもののうち，結論が成り立たない場合の例を，**反例**といいます。

(例)「$x=1$ ならば，$x^2=1$ である。」ということがらの逆は，

「$x^2=1$ ならば，$x=1$ である。」

●正三角形の定義

3つの辺がすべて等しい三角形を正三角形といいます。

●直角三角形の合同条件

2つの直角三角形は，次のそれぞれの場合に合同です。

1 斜辺と1つの鋭角が，それぞれ等しいとき

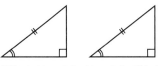

2 斜辺と他の1辺が，それぞれ等しいとき

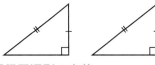

●平行四辺形の定義

2組の向かいあう辺が，それぞれ平行な四角形を平行四辺形といいます。

●平行四辺形の性質

1 2組の向かいあう辺は，それぞれ等しい。

2 2組の向かいあう角は，それぞれ等しい。

3 対角線は，それぞれの中点で交わる。

●平行四辺形になるための条件

四角形は，次のそれぞれの場合に，平行四辺形です。

1 2組の向かいあう辺が，それぞれ平行であるとき（定義）

2 2組の向かいあう辺が，それぞれ等しいとき

3 2組の向かいあう角が，それぞれ等しいとき

4 対角線が，それぞれの中点で交わるとき

5 1組の向かいあう辺が，等しくて平行であるとき

●長方形，ひし形，正方形の定義

1 4つの角がすべて等しい四角形を長方形という。

2 4つの辺がすべて等しい四角形をひし形という。

3 4つの辺がすべて等しく，4つの角がすべて等しい四角形を正方形という。

●長方形，ひし形，正方形の対角線の性質

1 長方形の対角線は，長さが等しい。

2 ひし形の対角線は，垂直に交わる。

3 正方形の対角線は，長さが等しく，垂直に交わる。

●底辺が共通な三角形

1つの直線上の2点 B，C と，その直線の同じ側にある2点 A，D について，

1 AD∥BC ならば，△ABC＝△DBC

2 △ABC＝△DBC ならば，AD∥BC

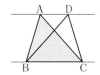

ぴたトレ
0
スタートアップ

6章　場合の数と確率

次の学習に
入る前に
取り組もう。

□ **場合の数**　　　　　　　　　　　　　　　　　　　◀ 小学6年

図や表を使って，場合を順序よく整理して，もれや重なりのないように調べます。

① ぶどう，もも，りんご，みかんが1つずつあります。　　　◀ 小学6年〈場合の数〉
この中から2つを選ぶとき，その選び方は何通りありますか。

> **ヒント**
> 図や表に整理して，
> すべての場合を書き
> 出してみると……

② 下の図のような4枚のカードから2枚を選んで，2けたの整数を　　◀ 小学6年〈並べ方〉
つくります。
2けたの整数は，全部で何通りできますか。

$$\boxed{1}\quad\boxed{3}\quad\boxed{5}\quad\boxed{7}$$

> **ヒント**
> 十の位の数と一の位
> の数を1つずつ整理
> していくと……

6
章

6章　場合の数と確率
1節　場合の数と確率
1　確率の求め方

● 玉を取り出すときの確率

教科書 p.160〜161

例題 1　赤玉5個，白玉3個，青玉2個がはいっている箱から玉を1個取り出すとき，次の確率を求めなさい。ただし，どの玉を取り出すことも，同様に確からしいものとします。　▶▶**1**

(1)　青玉が出る確率　　　　　(2)　白玉または青玉が出る確率

考え方　同様に確からしいとは，どの場合が起こることも同じ程度であると考えられるということです。全部で n 通りあり，A の起こる場合が a 通りのとき，A の起こる確率 p は，

$$p = \frac{a}{n}$$

で求められます。

$p = \dfrac{a}{n}$ が使えるのは，n 通りのどれが起こることも，同様に確からしいときです。

答え　玉の取り出し方は，全部で10通りである。

(1)　青玉が出る場合は □① 通りだから，

青玉が出る確率は，$\dfrac{2}{10} = $ □②

(2)　白玉または青玉が出る場合は，3+2=5（通り）

よって，白玉または青玉が出る確率は，□③

● 1つのさいころを投げるときの確率

教科書 p.160〜162

例題 2　1つのさいころを投げるとき，次の確率を求めなさい。　▶▶**2**

(1)　2の目が出る確率
(2)　7の目が出る確率
(3)　1以上の目が出る確率

考え方　さいころの目の出かたは全部で6通りです。

(1)　6通りのうちの何通りかを考えます。
(2)　けっして起こらないことがらの確率は0です。
(3)　かならず起こることがらの確率は1です。

さいころを投げるときは，1から6のどの目が出ることも，同様に確からしいです。

答え　(1)　2の目が出る場合は □① 通りだから，

2の目が出る確率は，□②

(2)　7の目が出ることはないので，

7の目が出る確率は，□③ 　$\dfrac{0}{6}$

(3)　かならず1以上の目が出るので，

1以上の目が出る確率は，□④ 　$\dfrac{6}{6}$

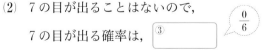

プラスワン　**確率の範囲**

あることがらの起こる確率を p とするとき，p の値の範囲は，

$0 \leqq p \leqq 1$

1 【玉と確率】赤玉 4 個，青玉 3 個，白玉 2 個がはいっている箱から玉を 1 個取り出すとき，次の確率を求めなさい。

教科書 p.161 例 1

□(1)　赤玉が出る確率

> ●キーポイント
> まず，玉の取り出し方
> は，全部で何通りある
> か求めます。

□(2)　青玉が出る確率

□(3)　赤玉または白玉が出る確率

2 【さいころと確率】1 つのさいころを投げるとき，次の確率を求めなさい。

教科書 p.162 問 2

□(1)　1，2，3，4，5，6 のいずれかの目が出る確率

> ●キーポイント
> 確率は，0のときや
> | のときもあります。

6 章

教科書
160
〜
162
ペ
ー
ジ

□(2)　3 または 6 の目が出る確率

□(3)　0 以下の目が出る確率

例題の答え **1** ①2　②$\frac{1}{5}$　③$\frac{1}{2}$　**2** ①1　②$\frac{1}{6}$　③0　④1

6章　場合の数と確率
1節　場合の数と確率
② いろいろな確率／③ 確率の利用

● 2枚の硬貨を投げるときの確率

教科書 p.163〜165

□ **例題1** 10円と100円の2種類の硬貨を同時に投げるとき，表裏の出かたは何通りありますか。　▶▶**1**

考え方 樹形図をかいて求めます。

答え 樹形図をかくと，
右のようになるから，

③ □ 通り。

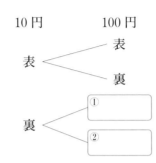

10円　　　　100円

表 〈 表 / 裏

裏 〈 ① □ / ② □

左のような枝分かれ した図を，樹形図と いいます。

● 2つのさいころを投げるときの確率

教科書 p.166〜167

□ **例題2** 2つのさいころを同時に投げるとき，次の確率を求めなさい。　▶▶**2 3**
(1) 2つとも偶数の目が出る確率
(2) 少なくとも1つは奇数の目が出る確率

考え方 表をかいて求めます。
(2) 1つだけが奇数，または，2つとも奇数が出る確率です。
つまり，2つとも偶数でない場合の確率です。

答え (1) 2つのさいころをA，Bで表すと，目の出かたは，
右の表のように，

$$6×6=\boxed{①}（通り）$$

このうち，2つとも偶数の目が出る場合は，

○印をつけた $\boxed{②}$ 通り。

よって，2つとも偶数の目が出る確率は，

$$\frac{9}{36}=\boxed{③}$$

(2) 1から(1)の確率をひいて求めると，

$$1-\boxed{③}=\boxed{④}$$

Aの起こる確率をpとすると，
Aの起こらない確率＝1−p

ここがポイント

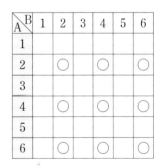

A\B	1	2	3	4	5	6
1						
2		○		○		○
3						
4		○		○		○
5						
6		○		○		○

○印のついていない ところが，少なくと も1つは奇数の目が 出る場合

1 【硬貨と確率】3枚の硬貨 A，B，C を同時に投げるとき，次の問いに答えなさい。

教科書 p.165 例題 2

□(1)　3枚の硬貨の表裏の出かたは，何通りありますか。

●キーポイント
表を○，裏を×として
樹形図をかきましょう。

□(2)　3枚とも表になる確率を求めなさい。

2 【さいころと確率】2つのさいころを同時に投げるとき，次の確率を求めなさい。

教科書 p.166 例題 3

□(1)　出る目の数の和が7になる確率

●キーポイント
表をかいて求めます。

□(2)　出る目の数の和が7にならない確率

3 【カードと確率】5枚のカード ①　②　③　④　⑤ が箱の中にはいっています。この中

から，同時に2枚を取り出すとき，次の確率を求めなさい。

教科書 p.167 例題 4

□(1)　①が出る確率

⚠ミスに注意
{1，2}，{1，3}，…
のように組にして，す
べての取り出し方を調
べます。例えば，
{1，2}の組と{2，1}
の組は，同じ取り出し
方であることに注意し
ます。

□(2)　②が出ない確率

4 【くじと確率】5本のうち，あたりが3本はいっているくじがあります。このくじを A，B
の2人がこの順に1本ずつひくとき，次の問いに答えなさい。ただし，ひいたくじは，も
とにもどさないことにします。

教科書 p.168～169

□(1)　Bがあたりをひく確率を求めなさい。

●キーポイント
あたりを①，②，③，
はずれを④，⑤として
樹形図をかきましょう。

□(2)　A，Bのどちらの方があたりやすいですか。

6章

教科書163～169ページ

例題の答え **1** ①表　②裏　③4　（①と②は順不同可）　**2** ①36　②9　③$\frac{1}{4}$　④$\frac{3}{4}$

❶ A，B，C，D，E の 5 人から，2 人の委員を選ぶとき，その選び方は全部で何通りありますか。樹形図をかいて求めなさい。

❷ A，B，C，D の 4 人が長いすにすわります。B さんと C さんがとなりあうすわり方は全部で何通りありますか。樹形図をかいて求めなさい。

よく出る ❸ ⓪①②③の 4 枚のカードを，よくきって，1 枚ずつ取り出し，取り出した順に左から右に並べて 3 けたの整数をつくります。

(1) 3 けたの整数は全部で何個できますか。

(2) (1)の場合にこの整数が 5 の倍数となる確率を求めなさい。

よく出る ❹ 7 本のうちあたりが 3 本はいっているくじがあります。このくじを，同時に 2 本ひくとき，次の確率を求めなさい。

(1) 2 本ともあたりである確率

(2) 2 本ともはずれである確率

(3) 少なくとも 1 本があたりである確率

ヒント ❸ (2)5 の倍数となるのは，一の位が 0 になるときです。
❹ (3)少なくとも 1 本があたりであるのは，あたりが 1 本または 2 本のときです。

定期テスト 予報	●確率のいろいろなパターンになれておこう。 確率を求める問題には玉，硬貨，さいころなどいろいろなパターンがあるよ。 どの問題が出題されても大丈夫なように，問題の解き方になれておくことがたいせつだよ。

5 2つのさいころを同時に投げるとき，次の確率を求めなさい。

□(1) 出た目の数の和が5になる確率

□(2) 出た目の数の差が4になる確率

□(3) 奇数と偶数の目が1つずつ出る確率

6 100円，50円，10円の3枚の硬貨を同時に投げるとき，次の確率を求めなさい。

□(1) 3枚とも表が出る確率

□(2) 少なくとも1枚は表が出る確率

□(3) 表が出た硬貨の金額の合計が，100円以上になる確率

7 A，B，Cの3人が，Aは a の玉を，Bは b の玉を，Cは c の玉を，それぞれ1個ずつ持っています。この3個の玉を1つの袋の中に入れ，よく混ぜてから，A，B，Cが1個ずつ袋の中から取り出すとき，次の問いに答えなさい。

□(1) 3人とも，最初に持っていた玉と同じ玉を取り出す確率を求めなさい。

□(2) 3人とも，最初に持っていた玉と異なる玉を取り出す確率を求めなさい。

6章

教科書
158
～169
ページ

ヒント
5 2つのさいころを A，B などとして区別して考えます。
7 A，B，C の3人の玉の取り出し方を表にしてみるとわかりやすくなります。

❶ 次の問いに答えなさい。知

(1)　6人から，2人の役員を選ぶとき，その選び方は全部で何通りありますか。

(2)　5人から，リーダーと副リーダーを選ぶとき，その選び方は全部で何通りありますか。

(3)　5人から，3人の当番を選ぶとき，その選び方は全部で何通りありますか。

❶	点/18点（各6点）
(1)	
(2)	
(3)	

❷ ジョーカーを除く52枚のトランプをよくきって，その中から1枚をひくとき，次の確率を求めなさい。ただし，Aは1，Jは11，Qは12，Kは13とします。知

(1)　ハートの札が出る確率

(2)　ハートかダイヤの札が出る確率

(3)　5の倍数の札が出る確率

(4)　スペードを除く，8以下の札が出る確率

❷	点/28点（各7点）
(1)	
(2)	
(3)	
(4)	

成績評価の観点　知…数量や図形などについての知識・技能　考…数学的な思考・判断・表現

❸ $\boxed{0}\boxed{1}\boxed{1}\boxed{2}\boxed{2}\boxed{3}$ の 6 枚のカードがあります。 知

(1) このカードのうち，3 枚を並べてできる 3 けたの整数は，全部で何個ですか。

(2) カードをよくきって，同時に 2 枚取り出すとき，2 つの数の和が 4 以上になる確率を求めなさい。

(3) カードをよくきって，1 枚取り出し，それをもどさずにもう 1 枚取り出すとき，2 回目に取り出したカードの数が 1 回目に取り出したカードの数より大きくなる確率を求めなさい。

❸	点/21点 (各7点)
(1)	
(2)	
(3)	

❹ 2 つのさいころを同時に投げるとき，次の確率を求めなさい。 知

(1) 出る目の数の和が偶数になる確率

(2) 出る目の数の積が 20 以上になる確率

❹	点/12点 (各6点)
(1)	
(2)	

❺ 赤玉 4 個と白玉 2 個がはいっている袋があります。この袋から玉を 1 個取り出して色を調べ，それを袋にもどしてから，また玉を 1 個取り出すとき，次の確率を求めなさい。 知

(1) 赤，白という順に玉が出る確率

(2) 少なくとも 1 個は白玉が出る確率

❺	点/14点 (各7点)
(1)	
(2)	

❻ 男子 2 人，女子 4 人の中から 3 人の委員をくじで選ぶとき，3 人とも女子が選ばれる確率を求めなさい。 考

❻	点/7点

知	/93点	考	/7点

解答 ▶▶ p.42

教科書のまとめ 〈6章　場合の数と確率〉

●同様に確からしい

どの場合が起こることも同じ程度であると考えられるとき，**同様に確からしい**といいます。

(**例**)　玉がはいった箱から玉の取り出し方

さいころの目の出かた

硬貨を投げるときの表裏の出かた

カードの取り出し方

くじのひき方

●確率の求め方

起こる場合が全部で n 通りあり，そのどれが起こることも同様に確からしいとします。そのうち，ことがら A の起こる場合が a 通りであるとき，ことがら A の起こる確率 p は，

$$p = \frac{a}{n}$$

(**例**)　箱の中に，白玉が2個，赤玉が3個はいっています。

この箱の中から玉を1個取り出すとき，それが白玉である確率は $\frac{2}{5}$

●確率のとる値の範囲

・かならず起こることがらの確率は1です。

・けっして起こらないことがらの確率は0です。

・あることがらの起こる確率を p とするとき，p の値の範囲は，$0 \leqq p \leqq 1$ です。

(**例**)　1つのさいころを投げるとき，

1以上の目が出る確率は，

$$\frac{6}{6} = 1$$

7以上の目が出る確率は，

$$\frac{0}{6} = 0$$

●樹形図

(**例**)　10円，100円の硬貨を1枚ずつ同時に投げるとき，表裏の出かたは，下の**樹形図**から，4通りの場合があります。

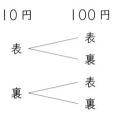

●場合の数を表を用いて求める

(**例**)　2つのさいころ A，B を同時に投げるとき，目の出かたは下の表のようになり，$6 \times 6 = 36$（通り）の場合があります。

A\B	1	2	3	4	5	6
1	(1, 1)	(1, 2)	(1, 3)	(1, 4)	(1, 5)	(1, 6)
2	(2, 1)	(2, 2)	(2, 3)	(2, 4)	(2, 5)	(2, 6)
3	(3, 1)	(3, 2)	(3, 3)	(3, 4)	(3, 5)	(3, 6)
4	(4, 1)	(4, 2)	(4, 3)	(4, 4)	(4, 5)	(4, 6)
5	(5, 1)	(5, 2)	(5, 3)	(5, 4)	(5, 5)	(5, 6)
6	(6, 1)	(6, 2)	(6, 3)	(6, 4)	(6, 5)	(6, 6)

●～でない確率

ことがら A の起こる確率を p とすると，A の起こらない確率は $1-p$

(**例**)　2つのさいころを同時に投げるとき，目の出かたは，上の表から，36通り。

同じ目が出る確率は，

$$\frac{6}{36} = \frac{1}{6}$$

同じ目が出ない確率は，

$$1 - \frac{1}{6} = \frac{5}{6}$$

7章　箱ひげ図とデータの活用

次の学習に入る前に取り組もう。

□**最小値，最大値，範囲**　　　　　　　　　　　　　◀ 中学1年

データの値の中で，もっとも小さい値を最小値，

もっとも大きい値を最大値といいます。

また，最大値と最小値の差を，分布の範囲といいます。

範囲＝最大値－最小値

□**中央値**　　　　　　　　　　　　　　　　　　　　◀ 小学6年

データの値を大きさの順に並べたとき，その中央の値を中央値といいます。

データの個数が偶数の場合は，中央に並ぶ2つの値の平均をとって中央値とします。

❶ ある生徒の1日の読書の時間を10日間調べたところ，次のような結果になりました。　　◀ 中学1年〈データの活用〉

1日の読書の時間(分)
30,　30,　20,　45,　30,　90,　60,　30,　60,　40

(1)　最小値を求めなさい。

(2)　最大値を求めなさい。

(3)　範囲を求めなさい。

ヒント

(4)　中央値を求めなさい。

(4)データの個数が偶数だから……

❷ 次のことがらをグラフに表すには，下の⑦〜⑦のどのグラフがよいですか。　　◀ 小学6年〈いろいろなグラフ〉

(1)　全体に対する部分の割合

ヒント

それぞれの目的を考えると……

(2)　変化の様子

(3)　データの散らばりの様子

⑦ 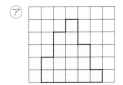　　⑦ 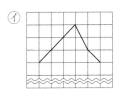　　⑦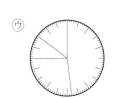

7章

1節　箱ひげ図
① 箱ひげ図／② データを活用して，問題を解決しよう

●四分位数

教科書 p.174〜175

例題
1
女子生徒 9 人の体重を測定したところ，次のような結果になりました。

47，48，48，49，50，52，53，55，56　（単位：kg）　▶▶ **1**

(1)　第 1 四分位数を求めなさい。　　　(2)　第 2 四分位数を求めなさい。

(3)　第 3 四分位数を求めなさい。

考え方　まず，データの値を，中央値を境に，前半部分と後半部分に分けます。

(1)　前半部分の中央値が，第 1 四分位数です。

(2)　データ全体の中央値が，第 2 四分位数です。

(3)　後半部分の中央値が，第 3 四分位数です。

> 第 1 四分位数〜第 3 四分位数を，あわせて四分位数といいます。データを 4 等分する数という意味です。

答え　データを，前半部分と後半部分に分けると，次のようになる。

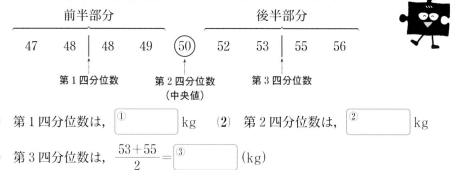

前半部分　　　　　　　　後半部分

47　48 | 48　49　(50)　52　53 | 55　56

第 1 四分位数　　第 2 四分位数　第 3 四分位数
　　　　　　　　（中央値）

(1)　第 1 四分位数は，[①   ] kg　(2)　第 2 四分位数は，[②   ] kg

(3)　第 3 四分位数は，$\dfrac{53+55}{2}=$[③   ] (kg)

●箱ひげ図

教科書 p.175〜177

例題
2
男子生徒 10 人の体重を測定したところ，次のような結果になりました。

50，52，53，54，54，56，57，58，59，61　（単位：kg）

箱ひげ図をかきなさい。　▶▶ **2 3**

考え方　最小値，第 1 - 第 3 四分位数，最大値を 1 つの図にまとめたものが，箱ひげ図です。

答え　　　前半部分　　　中央値　　　後半部分

50　52　(53)　54　54 | 56　57　(58)　59　61

最小値は 50 kg，第 1 四分位数は[①   ] kg

第 2 四分位数(中央値)は[②   ] kg

第 3 四分位数は[③   ] kg

最大値は 61 kg だから，右のようになる。

プラスワン　四分位範囲

四分位範囲＝第 3 四分位数−第 1 四分位数

> 箱とひげで表す

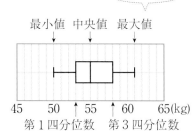

最小値　中央値　最大値

45　　50　↑　55　↑　60　　65(kg)
　　　　第 1 四分位数　第 3 四分位数

絶対理解 **1** 【四分位数】A 中学校の生徒 13 人の通学時間を調べたところ，次のような結果になりました。

教科書 p.174〜175

5, 8, 12, 14, 17, 18, 20, 21, 24, 25, 25, 27, 32

(単位：分)

□(1) 第 1 四分位数を求めなさい。

□(2) 第 2 四分位数を求めなさい。

□(3) 第 3 四分位数を求めなさい。

●キーポイント
まず，中央値を求めます。
データの個数 n が奇数のとき，中央値は，小さい方から，$\dfrac{n+1}{2}$ 番目の値です。

よく出る **2** 【箱ひげ図】B 中学校の生徒 14 人の通学時間を調べたところ，次のような結果になりました。

教科書 p.175〜176

4, 6, 7, 9, 10, 10, 11, 13, 15, 15, 18, 20, 23, 24

(単位：分)

□(1) 最小値，第 1 四分位数，第 2 四分位数，第 3 四分位数，最大値を求めなさい。

□(2) 箱ひげ図をかきなさい。

●キーポイント
データの個数 n が偶数のとき，中央値は，小さい方から，$\dfrac{n}{2}$ 番目と $\left(\dfrac{n}{2}+1\right)$ 番目の値の平均です。

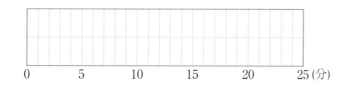

3 【箱ひげ図の読みとり】右の箱ひげ図は，あるクラスの生徒 30 人が，先月，図書室で借りた本の冊数を表したものです。

□(1) 四分位範囲を求めなさい。

□(2) 全体のおよそ 75 ％ の人が，7 冊以上借りたといってよいですか。

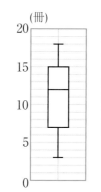

教科書 p.179〜180

●キーポイント
(1) 箱の長さが四分位範囲です。ここでは，箱の縦の長さです。

例題の答え **1** ①48 ②50 ③54 **2** ①53 ②55 ③58

解答▶▶ p.44

1節　箱ひげ図　1, 2

 ① ある農家でとれた 15 個のいちごについて，重さを測定したところ，次のような結果になりました。

38,　29,　34,　28,　47,　40,　38,　38,　33,　36
30,　32,　45,　30,　29　　　　　　　　（単位：g）

□(1)　最小値，最大値を求めなさい。

□(2)　四分位数を求めなさい。

□(3)　範囲，四分位範囲を求めなさい。

□(4)　箱ひげ図をかきなさい。

□(5)　ドットプロットをかきなさい。

□(6)　(3)～(5)から，範囲と四分位範囲について，どのようなことがいえますか。

ヒント　① まず，データの値を小さい順に並べます。
　　　　(3)範囲＝最大値－最小値　　(6)極端に離れた値があるときについて，答えましょう。

124

❷ 下の箱ひげ図は，あるクラスの 32 人の，昨日のスマートフォンの利用時間を表したものです。

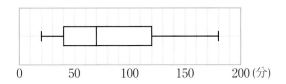

□(1) 四分位数を求めなさい。

□(2) 四分位範囲を求めなさい。

□(3) 第 2 四分位数は，利用時間が少ない方から何番目と何番目の値の平均ですか。

❸ 下の箱ひげ図は，ある学校の A 組 35 人と B 組 35 人が受けた，20 点満点の漢字テストの得点を表したものです。この箱ひげ図から読みとれることとして，下の(1)～(4)は正しいといえますか。「正しい」「正しくない」「このデータからはわからない」のどれかで答えなさい。

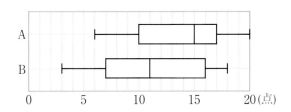

□(1) A 組の記録の平均値は 15 点である。

□(2) A 組も B 組も 11 点以上の人が半分以上いる。

□(3) B 組は 6 点以下の人が 9 人いる。

□(4) 範囲も四分位範囲も，A 組より B 組の方が大きい。

ヒント ❸ (2)中央値は，低い方から 18 番目の人の得点です。
(3)第 1 四分位数は，低い方から 9 番目の人の得点です。

7章 箱ひげ図とデータの活用

時間 30分 ／100点

合格 70点

❶ あるコンビニで，先月の1日から16日までに売れた弁当の個数を調べたところ，次のような結果になりました。知

93， 82， 98， 96， 82， 84， 78， 88
97， 79， 95， 86， 88， 80， 85， 97
（単位：個）

⑴ 最小値，最大値を答えなさい。

⑵ 中央値は，どのように求めればよいか答えなさい。

⑶ 第3四分位数は，どのように求めればよいか答えなさい。

⑷ 四分位数を求めなさい。

⑸ 範囲，四分位範囲を求めなさい。

⑹ 箱ひげ図をかきなさい。

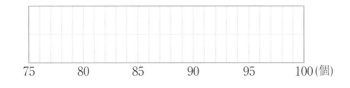

❶ 点/50点（各5点）

⑴	最小値
	最大値
⑵	
⑶	
⑷	第1四分位数
	第2四分位数
	第3四分位数
⑸	範囲
	四分位範囲
⑹	下の図にかきなさい。

成績評価の観点　知…数量や図形などについての知識・技能　考…数学的な思考・判断・表現

❷ A さん，B さんがそれぞれ 11 回ずつ行った小テストの結果について箱ひげ図に表すと，下の図のようになりました。知

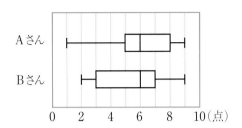

(1)　A さん，B さんのデータの中央値を求めなさい。

(2)　A さん，B さんのデータの四分位範囲を求めなさい。

(3)　A さん，B さんのデータの範囲を求めなさい。

(4)　A さんのデータについて，得点が 5 点以下であった回数は半分以上あったといえますか。
また，その理由を説明しなさい。

❷ 点/35点(各5点)

(1)	A さん
	B さん
(2)	A さん
	B さん
(3)	A さん
	B さん
(4)	理由

(4)完答

❸ 次のヒストグラムについて，対応する箱ひげ図を，下の⑦～⑨から選び，記号で答えなさい。考

(1)
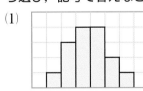

(2)
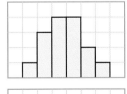

(3)
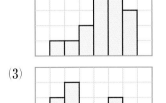

⑦
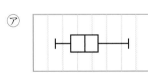

⑦
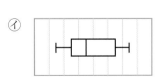

⑨
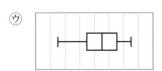

❸ 点/15点(各5点)

(1)	
(2)	
(3)	

教科書 172～183 ページ

知　　　/85点　　考　　　/15点

解答▶▶ p.46

教科書のまとめ 〈7章　箱ひげ図とデータの活用〉

●四分位数

データの値を小さい順に並べ，中央値を境に，前半部分と後半部分の2つに分けるとき，前半部分の中央値を**第1四分位数**，データ全体の中央値を**第2四分位数**，後半部分の中央値を**第3四分位数**といいます。また，これらをあわせて，**四分位数**といいます。

●第1四分位数と第3四分位数の求め方

① 小さい順に並べたデータを半分に分ける。ただし，データの個数が奇数のときは，半分には分けられないので，中央値を除いてデータを2つに分ける。

② ①で分けた小さい方の半分のデータの中央値を第1四分位数，大きい方の半分のデータの中央値を第3四分位数とする。

(例1) 11人の小テストの得点の四分位数

第1四分位数　3点
第2四分位数　6点
第3四分位数　8点

(例2) 10人の小テストの得点の四分位数

前半部分　　　　後半部分
1，2，④，5，6，｜6，7，⑦，8，9

第2四分位数
（中央値）
第1四分位数　　　第3四分位数

第1四分位数　4点
第2四分位数　6点
第3四分位数　7点

●四分位範囲

・四分位範囲
　＝第3四分位数－第1四分位数

・四分位範囲を使うと，データの値が中央値の近くに集中しているか，遠くに離れて散らばっているかを調べることができます。

・四分位範囲は，データの値を小さい順に並べたとき，データの中央付近のほぼ50％がふくまれる区間の大きさを表しています。

・データの中に極端に離れた値があるとき，範囲は影響を大きく受けますが，四分位範囲は影響をほとんど受けません。

●箱ひげ図

・最小値，最大値，四分位数を1つの図にまとめたものを**箱ひげ図**といいます。

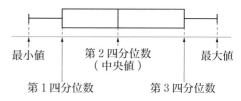

第2四分位数
最小値　　（中央値）　　最大値
第1四分位数　　　第3四分位数

・箱ひげ図のかき方

① 第1四分位数を左端，第3四分位数を右端とする長方形（箱）をかく。

② 箱の中に中央値を示す縦線をかく。

③ 最小値，最大値を示す縦線をかき，箱の左端から最小値まで，箱の右端から最大値までそれぞれ線分（ひげ）をかく。

・ひげを含めた全体の長さが範囲を表し，箱の横の長さが四分位範囲を表します。

(例) 左の**例1**の11人の小テストの得点の箱ひげ図

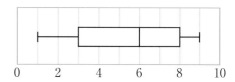

テスト前に役立つ!

\\ 定期テスト //

予想問題

チェック!

- テスト本番を意識し，時間を計って解きましょう。
- 取り組んだあとは，必ず答え合わせを行い，まちがえたところを復習しましょう。
- 観点別評価を活用して，自分の苦手なところを確認しましょう。

> テスト前に解いて，わからない問題やまちがえた問題は，もう一度確認しておこう!

		本書のページ	教科書のページ
予想問題 1	1章　式の計算	▸ p.130 ～ 131	p.10 ～ 33
予想問題 2	2章　連立方程式	▸ p.132 ～ 133	p.34 ～ 57
予想問題 3	3章　一次関数	▸ p.134 ～ 135	p.58 ～ 93
予想問題 4	4章　図形の調べ方	▸ p.136 ～ 137	p.94 ～ 123
予想問題 5	5章　図形の性質と証明	▸ p.138 ～ 139	p.124 ～ 157
予想問題 6	6章　場合の数と確率	▸ p.140 ～ 141	p.158 ～ 171
予想問題 7	7章　箱ひげ図とデータの活用	▸ p.142 ～ 143	p.172 ～ 183

1章　式の計算

時間
30分 ／100点

合格
70点

① 次の計算をしなさい。知

教科書 p.14〜18

(1)　$4a-2b+3a-5b$

(2)　$3x^2-6y-4x^2+2y$

(3)　$5x^2-2x+3-4x^2-x$

(4)　$-8a^2-3+6a^2-2+3a$

(5)　$(5a-7b)-(-6a+2b)$

(6)　$4(2x-y)-2(3x-2y)$

(7)　$6\left(a-\dfrac{1}{3}b\right)+2(2a-b)$

(8)　$\dfrac{2a-3b}{3}-\dfrac{3a-4b}{2}$

①	点/24点（各3点）
(1)	
(2)	
(3)	
(4)	
(5)	
(6)	
(7)	
(8)	

② 次の計算をしなさい。知

教科書 p.20〜22

(1)　$-\dfrac{2}{5}x\times\dfrac{3}{4}x$

(2)　$(-2x)^2\times(-3x)$

(3)　$(-12a^2b)\div 3b$

(4)　$\dfrac{2}{3}x^2y\div\left(-\dfrac{1}{6}x\right)$

(5)　$6a^2\times(-9b)\div 3a$

(6)　$(-3a)^2\div(-2a)\times 6a^2$

(7)　$2x^2y\div(-4x)\div 3y$

(8)　$-\dfrac{5}{6}a^2\div\left(-\dfrac{3}{10}b\right)\times 4ab$

②	点/24点（各3点）
(1)	
(2)	
(3)	
(4)	
(5)	
(6)	
(7)	
(8)	

　成績評価の観点　知…数量や図形などについての知識・技能　考…数学的な思考・判断・表現

❸ $x = \dfrac{1}{3}$, $y = -\dfrac{1}{4}$ のとき，次の式の値を求めなさい。知

教科書 p.19

(1) $(2x - 5y) - (-7x + 3y)$　　(2) $2(4x - y) - 5(x - 6y)$

❸	点/10点（各5点）
(1)	
(2)	

❹ 次の計算をしなさい。知

教科書 p.16

(1)　$\begin{array}{r} 5x^2 + 9x \\ +)\ -6x^2 - 5x + 3 \\ \hline \end{array}$　　(2)　$\begin{array}{r} 2a - 3b \\ -)\ -3a + 4b - 2 \\ \hline \end{array}$

❹	点/10点（各5点）
(1)	
(2)	

❺ 次の等式を，〔　〕内の文字について解きなさい。知

教科書 p.29

(1)　$2x - y = 5$　　〔y〕　　(2)　$c = \dfrac{2a + b}{3}$　　〔a〕

❺	点/12点（各6点）
(1)	
(2)	

❻ 連続する 2 つの奇数の和は 4 の倍数になります。その理由を説明しなさい。考

教科書 p.25〜28

❻　　　　　　　　　　　　　　　　　　　点/10点

❼ 6 の倍数より 2 大きい数と，9 の倍数より 1 大きい数の和は，3 の倍数になります。その理由を説明しなさい。考

教科書 p.25〜28

❼　　　　　　　　　　　　　　　　　　　点/10点

知	/80点	考	/20点

解答▶▶ p.47　131

2章 連立方程式

時間30分　合格70点　／100点

① 次の連立方程式を解きなさい。知

教科書 p.36〜45

(1) $\begin{cases} 3x+2y=14 \\ 3x-5y=7 \end{cases}$

(2) $\begin{cases} 3x-y=6 \\ 8x-4y=-4 \end{cases}$

(3) $\begin{cases} 4x+5y=2 \\ 5x+3y=9 \end{cases}$

(4) $\begin{cases} 9x-3y=42 \\ -2x+4y=-6 \end{cases}$

(5) $\begin{cases} y=-x+5 \\ 5x-3y=9 \end{cases}$

(6) $\begin{cases} x=-3y+2 \\ 6x+y=-22 \end{cases}$

(7) $\begin{cases} x+3y=1 \\ 2x-(4x-2y)=6 \end{cases}$

(8) $\begin{cases} \dfrac{3}{5}x+\dfrac{1}{2}y=1 \\ 2x+3y=-2 \end{cases}$

(9) $\begin{cases} 5x+2y=19 \\ \dfrac{2}{3}x-\dfrac{1}{2}y=1 \end{cases}$

(10) $\begin{cases} 0.2x-0.1y=0.4 \\ 3x+y=11 \end{cases}$

① 点/40点（各4点）

(1)	
(2)	
(3)	
(4)	
(5)	
(6)	
(7)	
(8)	
(9)	
(10)	

② 次の方程式を解きなさい。知

教科書 p.46

(1) $x-4y=5x+4y=-18$

(2) $3x+2y=2x-3y=13$

② 点/8点（各4点）

(1)	
(2)	

③ x, y についての連立方程式 $\begin{cases} ax-2by=2 \\ -3ax+5by=-9 \end{cases}$ の解が $(x, y)=(4, 1)$ であるとき，a, b の値を求めなさい。知

教科書 p.56

③ 点/4点

成績評価の観点　知…数量や図形などについての知識・技能　考…数学的な思考・判断・表現

④ ショートケーキとドーナツがあります。ショートケーキ2個とドーナツ2個では740円，ショートケーキ1個とドーナツ3個では610円でした。ショートケーキ1個，ドーナツ1個の値段を，それぞれ求めなさい。考

教科書 p.50

④ 点/8点（各4点）

ショートケーキ1個
ドーナツ1個

⑤ 2けたの正の整数があります。その整数は，各位の数の和の5倍よりも4大きく，また，十の位の数と一の位の数を入れかえてできる2けたの数は，もとの整数よりも9大きくなります。もとの整数を求めなさい。考

教科書 p.48〜49

⑤ 点/10点

⑥ 兄弟2人で買い物に行きました。兄は持っていたお金の90％を，弟は持っていたお金の80％を，それぞれ出しあって，560円の菓子を買いました。2人の残ったお金をあわせて，120円のかんジュースを買おうとしたら，30円たりませんでした。2人がはじめに持っていたお金を，それぞれ求めなさい。考

教科書 p.51

⑥ 点/10点（各5点）

兄
弟

⑦ A地点からB地点を経てC地点まで，80kmの道のりを自動車で行きました。A，B間は高速道路で，時速80kmで走り，B，C間は一般道路で，時速40kmで走ると，1時間30分かかりました。A，B間，B，C間の道のりを，それぞれ求めなさい。考

教科書 p.52〜53

⑦ 点/10点（各5点）

A，B間
B，C間

⑧ 30m³の水がはいった水そうAと，24m³の水がはいった水そうBがあります。A，Bの水そうに，1分間にxm³の割合で水を入れ，同時に水そうからポンプで水をくみ出します。このとき，Aの水そうは3台のポンプを使うと10分間で，Bの水そうは，4台のポンプを使うと4分間で空になりました。どのポンプも1台につき，1分間にym³の割合で，水をくみ出します。x，yの値を求めなさい。考

教科書 p.48〜49

⑧ 点/10点（各5点）

xの値
yの値

定期テスト予想問題 教科書34〜57ページ

知	/52点	考	/48点

解答▶▶ p.48

❶ 次の㋐〜㋓のうち，y が x の一次関数であるものをすべて選びなさい。知

㋐　重さ 120 g の容器に，1 個 2 g の角砂糖 x 個を入れたときの容器全体の重さ y g

㋑　5 km ある道のりを x km 進んだときの残りの道のり y km

㋒　面積が 36 cm² で底辺の長さが x cm の三角形の高さ y cm

㋓　1 枚 50 円の絵はがきを x 枚買ったときの代金 y 円

教科書 p.60〜61

❶	点/4点（完答）

❷ 次の問いに答えなさい。知

(1)　一次関数 $y=2x-4$ で，x の値が -1 から 5 まで増加するときの変化の割合を求めなさい。

(2)　一次関数 $y=-\dfrac{2}{3}x-\dfrac{1}{3}$ で，x の増加量が 6 のときの y の増加量を求めなさい。

教科書 p.63〜64

❷	点/10点（各5点）
(1)	
(2)	

❸ 右の直線①，②，③は，それぞれ，ある一次関数のグラフです。これらの関数の式を求めなさい。知

教科書 p.73〜75

❸	点/12点（各4点）
①	
②	
③	

❹ 次の一次関数の式を求めなさい。知

(1)　グラフが，傾き -3 で，切片 2 の直線である。

(2)　グラフが，傾き -2 で，点 $(-3,\ 7)$ を通る直線である。

(3)　グラフが，2 点 $(3,\ 2),\ (5,\ 6)$ を通る直線である。

(4)　グラフが，点 $(9,\ 1)$ を通り，切片 -2 の直線である。

(5)　x の増加量が 3 のときの y の増加量が -5 で，$x=3$ のとき $y=0$ である。

教科書 p.73〜76

❹	点/25点（各5点）
(1)	
(2)	
(3)	
(4)	
(5)	

成績評価の観点　知…数量や図形などについての知識・技能　考…数学的な思考・判断・表現

5 次の問いに答えなさい。[知]

教科書 p.77〜83

(1) 連立方程式 $\begin{cases} x-y=2 \\ x-3y=12 \end{cases}$ の解を，グラフを使って求めなさい。

(2) 2直線 $5x-3y+3=0$, $4x+3y+12=0$ の交点の座標を求めなさい。

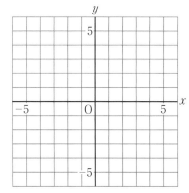

5 点/10点（各5点）

(1)	
(2)	

6 Aさんは，自転車で自分の家を出発して，途中の本屋で雑誌を買ってから，隣町にある映画館へ行きました。
出発してから x 分後にいる地点から映画館までの道のりを y km として，x と y の関係をグラフに表すと，右のようになりました。[考]

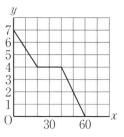

教科書 p.86〜87

6 点/15点（各5点）

(1)	
(2)	
(3)	

(1) 本屋から映画館までの道のりを求めなさい。

(2) 本屋に着くまでと本屋を出たあとでは，Aさんの進んだ速さはどちらが速かったですか。

(3) Aさんが家を出てから12分後にいる地点から，映画館までの道のりは何 km ですか。

7 座標平面上に点 A (0, 3)，B (5, 4) があります。2点 A，B を通る直線を ℓ，原点 O と点 B を通る直線を m とします。また，座標の1目もりを1 cm とし，点 P は原点 O を出発して，x 軸上を毎秒1 cm の速さで正の方向に進むものとします。[考]

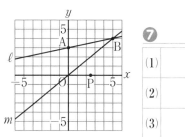

教科書 p.88

7 点/24点（各8点）

(1)	
(2)	
(3)	

(1) △OAB の面積を求めなさい。

(2) 直線 ℓ の式を求めなさい。

(3) 点 P が原点 O を出発してから t 秒後に，線分 AP が △OAB の面積を2等分するとき，t の値を求めなさい。

定期テスト予想問題

教科書58〜93ページ

[知] /61点 [考] /39点

4章　図形の調べ方

時間30分　／100点　合格70点

❶ 下の図で，ℓ∥m のとき，∠x の大きさを，それぞれ求めなさい。知　教科書 p.96〜99

(1)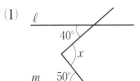

(2)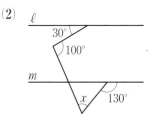

❶　　点/10点（各5点）

(1)

(2)

❷ 下の図で，∠x の大きさを，それぞれ求めなさい。ただし，同じ印をつけた角の大きさは等しいとします。知　教科書 p.101〜103

(1)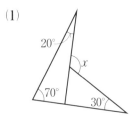

(2)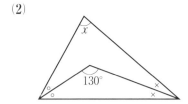

❷　　点/10点（各5点）

(1)

(2)

❸ 次の問いに答えなさい。知　教科書 p.103〜106

(1) 六角形の内角の和は何度ですか。

(2) 内角の和が $1800°$ である多角形は何角形ですか。

(3) 正十角形の1つの外角の大きさを求めなさい。

(4) 正多角形で，1つの内角とその外角の大きさの比が，3：1のとき，正何角形ですか。

❸　　点/24点（各6点）

(1)

(2)

(3)

(4)

❹ 次の⑦〜㋔のうち，△ABC≡△DEF といえるのはどれですか。2つ選びなさい。
また，そのときの合同条件をそれぞれ答えなさい。知

⑦　∠A＝∠D，∠B＝∠E，∠C＝∠F

㋑　BC＝EF，AC＝DF，∠C＝∠F

㋒　AC＝DF，∠A＝∠D，∠C＝∠F

㋓　BC＝DE，CA＝EF，AB＝FD

㋔　AB＝DE，BC＝EF，∠A＝∠D

教科書 p.108〜110

❹　　点/6点（各3点）（各完答）

5 右の図で，AB＝DC，AC＝DB のと
き，∠A＝∠D になります。これを
次の順序で考えて証明します。［考］

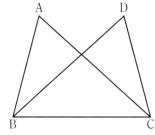

教科書 p.113〜116

(1) 仮定と結論を答えなさい。

(2) 結論を導くには，どの三角形と
どの三角形の合同を示せばよい
ですか。

(3) (2)で答えた 2 つの三角形で，等しいといえる辺と辺はどれで
すか。

(4) (3)から，(2)で考えた 2 つの三角形の合同を示すには，三角形
の合同条件のどれを使えばよいですか。

5 点/20点（各5点）

	仮定	
(1)	結論	
(2)		
(3)		
(4)		

（1完答）

6 下の図のような，AD∥BC の台形 ABCD
があります。辺 CD の中点を M とし，
AM の延長線と辺 BC の延長線との交点
を E とするとき，AM＝EM になります。
このことを証明しなさい。［考］

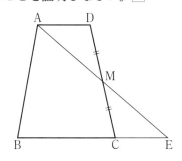

教科書 p.117〜119

6 点/15点

7 下の図で，△ABD，△ACE は正三角形
です。このとき，DC＝BE となることを
証明しなさい。［考］

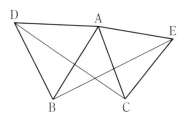

教科書 p.117〜119

7 点/15点

知 　/50点　考 　/50点

❶ 下の図で，∠x の大きさを，それぞれ求めなさい。ただし，同じ印をつけた辺の長さは等しいとします。[知]

教科書 p.126〜128

❶　　　　　　　点/10点（各5点）

(1)

(2)

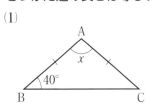

(1)	
(2)	

❷ 右の図の二等辺三角形 ABC の底辺 BC 上に，BD＝CE となるような点 D，E をとるとき，△ADE も二等辺三角形になることを証明しなさい。[考]

教科書 p.127〜130

❷　　　　　　　点/15点

❸ 下の図の △ABC で，点 D は，∠A の二等分線と辺 BC との交点です。DP⊥AB，DQ⊥AC とするとき，DP＝DQ であることを証明しなさい。[考]

教科書 p.135〜138

❸　　　　　　　点/15点

❹ 右の図は，平行四辺形 ABCD 内にある点 P から，辺 AD と辺 AB にそれぞれ平行な直線 EF，GH をひいたものです。[知]

教科書 p.139〜142

❹　　　　　　　点/20点（各5点）

(1) EP の長さを求めなさい。

(2) AE の長さを求めなさい。

(3) ∠A の大きさを求めなさい。

(4) ∠EPH の大きさを求めなさい。

(1)	
(2)	
(3)	
(4)	

5 下の図の平行四辺形 ABCD で，対角線 AC の中点を O とします。O を通る直線が辺 AD，BC と交わる点をそれぞれ E，F とするとき，AE＝CF であることを証明しなさい。考

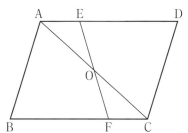

5 点/15点

6 平行四辺形 ABCD の対角線 AC と BD の交点を O とし，AO，CO の中点を，それぞれ P，Q とします。このとき，四角形 PBQD が平行四辺形になることを証明しなさい。考

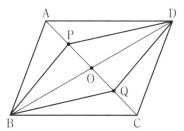

6 点/15点

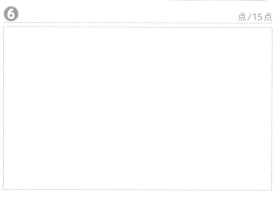

7 右の図で，平行四辺形 ABCD の頂点 A を通る直線が辺 BC と点 E で交わり，さらに，辺 DC の延長線と F で交わっています。次の㋐〜㋔のうち，△BEF と面積の等しいものを，すべて選びなさい。知

㋐　△ABE　　㋑　△AEC

㋒　△DEC　　㋓　△CEF

7 点/10点（完答）

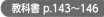

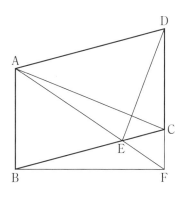

時間 30分 ／100点　合格 70点

❶ 1から20までの数を1つずつ書いたカード20枚の中から，1枚を取り出すとき，次の確率を求めなさい。知
　教科書 p.160〜162

❶ 点/24点（各6点）

(1)　3の倍数が出る確率

(2)　15以上の数が出る確率

(3)　2または3の倍数が出る確率

(4)　5の倍数が出ない確率

(1)	
(2)	
(3)	
(4)	

❷ 次の問いに答えなさい。知
　教科書 p.163

❷ 点/10点（各5点）

(1)　4人から，班長と副班長を選ぶとき，その選び方は全部で何通りありますか。

(2)　5種類の菓子から，2種類の菓子を選ぶとき，その選び方は全部で何通りありますか。

(1)	
(2)	

❸ 赤玉と白玉が1個ずつはいっている袋から，玉を1個取り出して色を調べ，それを袋にもどします。これを3回くり返すとき，白玉が2回だけ出る確率を，樹形図をかいて求めなさい。知
　教科書 p.164〜165

❸ 点/6点（完答）

樹形図

確率

❹ 2つのさいころを同時に投げるとき，次の確率を求めなさい。知
　教科書 p.166〜167

❹ 点/12点（各6点）

(1)　出た目の数の和が10になる確率

(2)　出た目の数の積が奇数になる確率

(1)	
(2)	

成績評価の観点　知…数量や図形などについての知識・技能　考…数学的な思考・判断・表現

⑤ 500円，100円，50円の硬貨が1枚ずつあります。この3枚を同時に投げるとき，次の確率を求めなさい。知

教科書 p.165〜167

(1) 3枚のうち，少なくとも1枚は裏となる確率

(2) 表が出た硬貨の合計金額が，550円以上になる確率

⑤　　　　　点/12点(各6点)

(1)	
(2)	

⑥ あたり2本，はずれ3本でできている5本のくじを2本ひくとき，次の確率を求めなさい。知

教科書 p.168〜169

(1) 同時に2本ひくとき，2本ともあたる確率

(2) 1本ひき，それをもとにもどしてから，2本目をひくとき，2本ともあたる確率

⑥　　　　　点/12点(各6点)

(1)	
(2)	

⑦ ジョーカーを除く52枚のトランプをよくきって，その中から札をひくとき，次の確率を求めなさい。ただし，A は1，J は11，Q は12，K は13とします。考

教科書 p.161〜167

(1) 1枚の札をひくとき，絵札 (J，Q，K) が出る確率

(2) 1枚の札をひくとき，4 または 7 の札が出る確率

(3) 2枚の札を同時にひくとき，2枚の札のひき方は，全部で何通りありますか。

(4) 2枚の札を同時にひくとき，同じ種類(マーク)の2枚の札で数の積が 20 となる確率

⑦　　　　　点/24点(各6点)

(1)	
(2)	
(3)	
(4)	

定期テスト予想問題

教科書 158〜171 ページ

❶ ある生徒 17 人が受けた 30 点満点の計算テストの得点を調べたところ，次のような結果になりました。知

教科書 p.174〜177

$$25, \quad 12, \quad 9, \quad 28, \quad 28, \quad 20, \quad 29, \quad 18,$$
$$21, \quad 4, \quad 23, \quad 20, \quad 17, \quad 23, \quad 24, \quad 15, \quad 26$$

（単位：点）

(1) 最小値，最大値を求めなさい。

(2) 第 1 四分位数は，どのように求めればよいか答えなさい。

(3) 第 2 四分位数は，どのように求めればよいか答えなさい。

(4) 四分位数を求めなさい。

(5) 範囲，四分位範囲を求めなさい。

(6) 箱ひげ図をかきなさい。

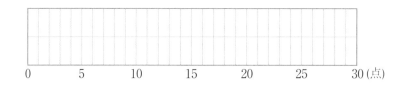

❶	点/50点（各5点）
(1)	最小値 最大値
(2)	
(3)	
(4)	第１四分位数 第２四分位数 第３四分位数
(5)	範囲 四分位範囲
(6)	下の図にかきなさい。

成績評価の観点　知…数量や図形などについての知識・技能　考…数学的な思考・判断・表現

❷ 下の表は，AさんとBさんの計算テストの結果です。テストの結果について，下の問いに答えなさい。知

教科書 p.174〜180

Aさん(点)	5	6	3	8	4	5	6	7	6	7
Bさん(点)	7	5	5	10	8	2	9	5	6	

(1) それぞれの結果について，四分位範囲を求めなさい。

(2) それぞれのデータについて箱ひげ図で表し，どちらの方が広く分布しているか答えなさい。

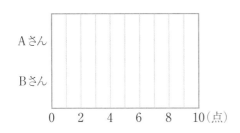

❸ 右の箱ひげ図は，2年生38人と3年生38人について，昨年1年間に図書室で借りた本の冊数を調べてまとめたものです。

2年生について，借りた本の冊数が少ない方から9番目の生徒の冊数は，何冊以上何冊以下と考えられますか。

また，3年生について，借りた本の冊数が少ない方から30番目の生徒の冊数は，何冊以上何冊以下と考えられますか。

それぞれ，理由もあわせて説明しなさい。考

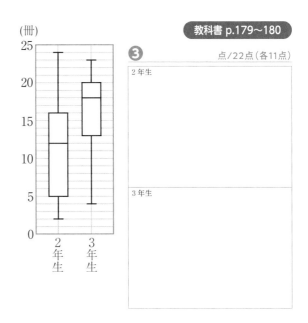

教科書 p.179〜180

❷ 　　　点/28点(各7点)

	Aさん	
(1)	Bさん	
(2)	箱ひげ図 左の図にかきなさい。	

❸ 　　　点/22点(各11点)

2年生

3年生

1章　式の計算

p.6〜7 **ぴたトレ0**

(1)$1000-100x$（円）　　(2)$5a+3b$（円）

(3)$\dfrac{x}{120}$（分）

(3)時間＝道のり÷速さ　だから，

$x\div120=\dfrac{x}{120}$（分）

(1)$3a+3$　　　(2)$-\dfrac{5}{12}x$　(3)$3a+8$

(4)$-5x-4$　(5)$7x-8$　　(6)$-2x+6$

(6)$(-3x-2)-(-x-8)$
$=-3x-2+x+8$
$=-3x+x-2+8$
$=-2x+6$

(1)$48a$　　　　(2)$-6x$　(3)$8x+14$

(4)$-9y+60$　(5)$3a-2$　(6)$20x-5$

(7)$6x+10$　　(8)$-4x+12$

(6)$(-16x+4)\div\left(-\dfrac{4}{5}\right)$
$=(-16x+4)\times\left(-\dfrac{5}{4}\right)$
$=-16x\times\left(-\dfrac{5}{4}\right)+4\times\left(-\dfrac{5}{4}\right)$
$=20x-5$

(8)$-10\times\dfrac{2x-6}{5}$
$=-2\times(2x-6)$
$=-2\times2x-2\times(-6)$
$=-4x+12$

(1)$7x+2$　(2)$3y-27$　(3)$7x-13$　(4)$-4y-4$

(2)$5(3y-6)-3(4y-1)$
$=15y-30-12y+3$
$=15y-12y-30+3$
$=3y-27$

(4)$-\dfrac{1}{3}(6y+3)-\dfrac{1}{4}(8y+12)$
$=-2y-1-2y-3$
$=-2y-2y-1-3$
$=-4y-4$

⑤ (1)14　(2)2　(3)-20　(4)-19

解き方 負の数はかっこをつけて代入します。
(3)$-5x^2=-5\times(-2)^2=-5\times4=-20$
(4)$5x-3y=5\times(-2)-3\times3=-10-9=-19$

p.9 **ぴたトレ1**

1 単項式…⑦，⑨
多項式…⑦，⑨

解き方 数や文字の乗法だけでできている式が単項式です。
また，単項式の和の形の式が多項式です。

2 (1)$3x$，　-1
(2)$-5a$，　$2b$，　$-c$
(3)x^2，　$4x$，　-9

解き方 多項式を単項式の和の形になおして考えます。
(2)$-5a+2b-c=-5a+2b+(-c)$

3 (1)1　(2)2

解き方 〔　〕の文字をふくむ項の，数の部分を答えます。

4 (1)1　(2)2　(3)2

解き方 単項式の次数は，かけあわされている文字の個数です。
(1)$-18y=-18\times y$　　　次数は1
(2)$9xy=9\times x\times y$　　　次数は2
(3)$5x^2=5\times x\times x$　　　次数は2

5 (1)一次式　(2)二次式　(3)二次式

解き方 (1)$6x-y-5$ は，$6x$ と $-y$ の次数が1だから，
一次式です。
(2)$ab-b-1$は，abの次数が2だから，二次式です。
(3)$2x^2-5y-3$ は，$2x^2$ の次数が2だから，
二次式です。

6 (1)$3a$ と $4a$，　$-b$ と $2b$
(2)xy と $-3xy$，　$2x$ と $-x$

解き方 文字の部分が同じ項を同類項といいます。

7 (1)$-4a+b$　(2)$6y^2-9y$　(3)$-3a+3ab$
　　(4)$3x^2-x+3$

解き方 計算法則 $ma+na=(m+n)a$ を使って，まとめます。
(1)$2a+3b-6a-2b=2a-6a+3b-2b$
　　　$=(2-6)a+(3-2)b=-4a+b$
(2)$2y^2-4y+4y^2-5y=2y^2+4y^2-4y-5y$
　　　$=(2+4)y^2+(-4-5)y=6y^2-9y$
(3)$4a-ab-7a+4ab=4a-7a-ab+4ab$
　　　$=(4-7)a+(-1+4)ab=-3a+3ab$
(4)$x^2+5x+3-6x+2x^2=x^2+2x^2+5x-6x+3$
　　　$=(1+2)x^2+(5-6)x+3=3x^2-x+3$

1 (1)$5x+3y$　(2)$5a-4b$

解き方 かっこの前が＋のときは，そのままかっこをはずし，同類項をまとめます。
(1)$(3x+4y)+(2x-y)=3x+4y+2x-y$
　　　　　　　　　　　$=3x+2x+4y-y=5x+3y$
(2)$(4a-9b)+(a+5b)=4a-9b+a+5b$
　　　　　　　　　　　$=4a+a-9b+5b=5a-4b$

2 (1)$6x-10y$　(2)$-7a+3b$

解き方 (1)$(2x-7y)+(4x-3y)=2x-7y+4x-3y$
　　　　　　　　　　　　　$=6x-10y$
(2)$(a-6b)+(-8a+9b)=a-6b-8a+9b$
　　　　　　　　　　　　　$=-7a+3b$
次のように，縦に並べて計算することもできます。
(1)　　$2x-\ 7y$　　　　(2)　　　$a-6b$
　　$+)\,4x-\ 3y$　　　　　　$+)\,-8a+9b$
　　　　$6x-10y$　　　　　　　$-7a+3b$

3 (1)$5a+7b$　(2)$-4x-9y$

解き方 かっこの前が－のときは，かっこの中の各項の符号を変えてかっこをはずし，同類項をまとめます。
(1)$(7a+3b)-(2a-4b)=7a+3b-2a+4b$
　　　　　　　　　　　$=5a+7b$
(2)$(5x-2y)-(9x+7y)=5x-2y-9x-7y$
　　　　　　　　　　　$=-4x-9y$

4 (1)$x+8y$　(2)$2a-b$

解き方 (1)$(8x+5y)-(7x-3y)=8x+5y-7x+3y$
　　　　　　　　　　　　　$=x+8y$
(2)$(6a-2b)-(4a-b)=6a-2b-4a+b=2a-b$
次のように，縦に並べて計算することもできます。
(1)　　$8x+5y$　　　　(2)　　$6a-2b$
　　$-)\,7x-3y$　　　　　　$-)\,4a-\ b$
　　　　$x+8y$　　　　　　　$2a-\ b$

5 (1)$8a+2b$　(2)$9x+13y$

解き方 上下にそろえられた同類項どうしを，それぞれたします。

6 (1)$2x+5y$　(2)$4a-10b$

解き方 上下にそろえられた同類項どうしを，それぞれひきます。

1 (1)$10a-30b$　(2)$-8x-6y$　(3)$21x-3y$
　　(4)$3a-4b$

解き方 分配法則 $m(a+b)=ma+mb$ を使います。
(1)$5(2a-6b)=5\times2a+5\times(-6b)=10a-30b$
(2)$-2(4x+3y)=-2\times4x-2\times3y=-8x-6y$
(3)$(-7x+y)\times(-3)=-7x\times(-3)+y\times(-3)$
　　　　　　　　　　　$=21x-3y$
(4)$(6a-8b)\times\dfrac{1}{2}=6a\times\dfrac{1}{2}-8b\times\dfrac{1}{2}=3a-4b$

2 (1)$5x-3y$　(2)$-2a+b$　(3)$2x+4y$
　　(4)$-3a-9b$

解き方 分配法則 $(a+b)\div m=\dfrac{a}{m}+\dfrac{b}{m}$ を使います。
(1)$(15x-9y)\div3=\dfrac{15x}{3}-\dfrac{9y}{3}=5x-3y$
(2)$(-10a+5b)\div5=-\dfrac{10a}{5}+\dfrac{5b}{5}=-2a+b$
(3)$(-4x-8y)\div(-2)=-\dfrac{4x}{-2}-\dfrac{8y}{-2}=2x+4y$
(4)$(4a+12b)\div\left(-\dfrac{4}{3}\right)=(4a+12b)\times\left(-\dfrac{3}{4}\right)$
　　$=4a\times\left(-\dfrac{3}{4}\right)+12b\times\left(-\dfrac{3}{4}\right)=-3a-9b$

3 (1)$10x$　　　　(2)$-4a+3b$　　(3)$23x-16y$
　　(4)$-2a+8b$　(5)$-4a+4b-24$　(6)$13x-4y+7$

解き方 (1)$2(3x-2y)+4(x+y)=6x-4y+4x+4y=10x$
(2)$6(a-2b)-5(2a-3b)=6a-12b-10a+15b$
　　　　　　　　　　　$=-4a+3b$
(3)$9(x-y)+7(2x-y)=9x-9y+14x-7y$
　　　　　　　　　　$=23x-16y$
(4)$3(4a+6b)-2(7a+5b)=12a+18b-14a-10b$
　　　　　　　　　　　$=-2a+8b$
(5)$8(a-2)-4(3a-b+2)=8a-16-12a+4b-8$
　　　　　　　　　　　$=-4a+4b-24$
(6)$3(x-3y+4)+5(2x+y-1)$
　　$=3x-9y+12+10x+5y-5=13x-4y+7$

ぴたトレ1

1 (1) $3x+y$　(2) $-\dfrac{5}{4}x+\dfrac{7}{4}y$　(3) $-\dfrac{1}{2}a+\dfrac{5}{6}b$

(4) $\dfrac{1}{12}a-\dfrac{1}{3}b$

(1) $\dfrac{1}{2}(4x-2y)+\dfrac{1}{3}(3x+6y)$

$\quad =2x-y+x+2y=3x+y$

(2) $\dfrac{1}{4}(x-3y)-\dfrac{1}{2}(3x-5y)$

$\quad =\dfrac{1}{4}x-\dfrac{3}{4}y-\dfrac{3}{2}x+\dfrac{5}{2}y$

$\quad =\dfrac{1}{4}x-\dfrac{6}{4}x-\dfrac{3}{4}y+\dfrac{10}{4}y=-\dfrac{5}{4}x+\dfrac{7}{4}y$

(3) $\dfrac{1}{3}(a+2b)+\dfrac{1}{6}(-5a+b)$

$\quad =\dfrac{1}{3}a+\dfrac{2}{3}b-\dfrac{5}{6}a+\dfrac{1}{6}b$

$\quad =\dfrac{2}{6}a-\dfrac{5}{6}a+\dfrac{4}{6}b+\dfrac{1}{6}b$

$\quad =-\dfrac{3}{6}a+\dfrac{5}{6}b=-\dfrac{1}{2}a+\dfrac{5}{6}b$

(4) $\dfrac{1}{6}(2a+7b)-\dfrac{1}{4}(a+6b)$

$\quad =\dfrac{1}{3}a+\dfrac{7}{6}b-\dfrac{1}{4}a-\dfrac{3}{2}b$

$\quad =\dfrac{4}{12}a-\dfrac{3}{12}a+\dfrac{7}{6}b-\dfrac{9}{6}b$

$\quad =\dfrac{1}{12}a-\dfrac{2}{6}b=\dfrac{1}{12}a-\dfrac{1}{3}b$

2 (1) $\dfrac{9x-7y}{6}$　$\left(\dfrac{3}{2}x-\dfrac{7}{6}y\right)$

(2) $\dfrac{-2a+b}{9}$　$\left(-\dfrac{2}{9}a+\dfrac{1}{9}b\right)$

(3) $\dfrac{-a+10b}{12}$　$\left(-\dfrac{1}{12}a+\dfrac{5}{6}b\right)$

(4) $\dfrac{5x+11y}{24}$　$\left(\dfrac{5}{24}x+\dfrac{11}{24}y\right)$

分数の形のまま通分して計算します。

(1) $\dfrac{x-3y}{2}+\dfrac{3x+y}{3}=\dfrac{3(x-3y)}{6}+\dfrac{2(3x+y)}{6}$

$\quad =\dfrac{3(x-3y)+2(3x+y)}{6}=\dfrac{3x-9y+6x+2y}{6}$

$\quad =\dfrac{9x-7y}{6}$

(2) $\dfrac{2a+b}{3}-\dfrac{8a+2b}{9}=\dfrac{3(2a+b)}{9}-\dfrac{8a+2b}{9}$

$\quad =\dfrac{3(2a+b)-(8a+2b)}{9}=\dfrac{6a+3b-8a-2b}{9}$

$\quad =\dfrac{-2a+b}{9}$

(3) $\dfrac{5a-2b}{3}-\dfrac{7a-6b}{4}$

$\quad =\dfrac{4(5a-2b)}{12}-\dfrac{3(7a-6b)}{12}$

$\quad =\dfrac{4(5a-2b)-3(7a-6b)}{12}$

$\quad =\dfrac{20a-8b-21a+18b}{12}=\dfrac{-a+10b}{12}$

(4) $\dfrac{3x+y}{8}+\dfrac{-x+2y}{6}$

$\quad =\dfrac{3(3x+y)}{24}+\dfrac{4(-x+2y)}{24}$

$\quad =\dfrac{3(3x+y)+4(-x+2y)}{24}$

$\quad =\dfrac{9x+3y-4x+8y}{24}=\dfrac{5x+11y}{24}$

3 (1) -16　(2) 4

(1) $2x-4y+3x-5y=5x-9y$

　　この式に $x=-3$，$y=\dfrac{1}{9}$ を代入すると，

　　$5x-9y=5\times(-3)-9\times\dfrac{1}{9}=-15-1=-16$

(2) $(4x-13y)-(6x+5y)=-2x-18y$

　　この式に $x=-3$，$y=\dfrac{1}{9}$ を代入すると，

　　$-2x-18y=-2\times(-3)-18\times\dfrac{1}{9}=6-2=4$

4 (1) 9　(2) -10

(1) $5a+7b-3b-8a=-3a+4b$

　　この式に $a=-\dfrac{1}{3}$，$b=2$ を代入すると，

　　$-3a+4b=-3\times\left(-\dfrac{1}{3}\right)+4\times2=1+8=9$

(2) $4(2a-3b)-2(a-4b)=8a-12b-2a+8b$

$\qquad\qquad\qquad\qquad\qquad =6a-4b$

　　この式に $a=-\dfrac{1}{3}$，$b=2$ を代入すると，

　　$6a-4b=6\times\left(-\dfrac{1}{3}\right)-4\times2=-2-8=-10$

ぴたトレ1

1 (1) $-24ab$　(2) $4xyz$　(3) $-2xy$

(4) $36x^2$　(5) $-64a^2$　(6) $-24a^2b$

(1) $3a\times(-8b)=3\times(-8)\times a\times b=-24ab$

(2) $(-xy)\times(-4z)=(-1)\times(-4)\times xy\times z=4xyz$

(3) $\dfrac{4}{5}x\times\left(-\dfrac{5}{2}y\right)=\dfrac{4}{5}\times\left(-\dfrac{5}{2}\right)\times x\times y=-2xy$

(4) $(6x)^2=6x\times6x=36x^2$

(5) $-(-8a)^2=-\{(-8a)\times(-8a)\}=-64a^2$

(6) $(-2a)^2\times(-6b)$

$\quad =\{(-2a)\times(-2a)\}\times(-6b)=-24a^2b$

2 (1)$4y$　(2)$-4a$　(3)$\dfrac{5}{2}a$　(4)$10b$

(5)$9a$　(6)$\dfrac{1}{2}x$

解き方
(1)$12xy \div 3x = \dfrac{12xy}{3x} = 4y$

(2)$16a^2 b \div (-4ab) = -\dfrac{16a^2 b}{4ab} = -4a$

(3)$-15a^3 \div (-6a^2) = \dfrac{15a^3}{6a^2} = \dfrac{5}{2}a$

(4)$8ab \div \dfrac{4}{5}a = 8ab \times \dfrac{5}{4a} = 10b$

(5)$(-6a^2) \div \left(-\dfrac{2}{3}a\right) = 6a^2 \times \dfrac{3}{2a} = 9a$

(6)$\dfrac{3}{5}xy \div \dfrac{6}{5}y = \dfrac{3xy}{5} \times \dfrac{5}{6y} = \dfrac{1}{2}x$

3 (1)$6x^3$　(2)$2b^2$　(3)$-\dfrac{3}{2}y$　(4)$9x^2$

解き方
(1)$9x^2 y \times 2x \div 3y = \dfrac{9x^2 y \times 2x}{3y} = 6x^3$

(2)$6ab \times (-3b) \div (-9a) = \dfrac{6ab \times 3b}{9a} = 2b^2$

(3)$12x^2 y^2 \div 4xy \div (-2x) = -\dfrac{12x^2 y^2}{4xy \times 2x} = -\dfrac{3}{2}y$

(4)$-6x^2 y \div 2xy^2 \times (-3xy) = \dfrac{6x^2 y \times 3xy}{2xy^2} = 9x^2$

p.18~19　ぴたトレ2

1 (1)項…$3x$，$7y$，5　　　　一次式

(2)項…$4a^2$，$-3a$，-2　　二次式

(3)項…$\dfrac{1}{2}a$，ab，$-\dfrac{2}{3}b$　二次式

解き方
多項式を単項式の和の形になおして考えます。
また，多項式の次数は各項の次数のうち，もっとも大きな次数を答えます。

2 (1)$a-2b$　(2)$x-5y$　(3)$-4x^2+2x+3$

(4)$-2a-9b-2$

解き方
計算法則 $ma+na=(m+n)a$ を使ってまとめます。
(1)$2a-3b-a+b=2a-a-3b+b$
　$=(2-1)a+(-3+1)b=a-2b$
(2)$4x-7y+2y-3x=4x-3x-7y+2y$
　$=(4-3)x+(-7+2)y=x-5y$
(3)$x^2-2x-5x^2+4x+3=x^2-5x^2-2x+4x+3$
　$=(1-5)x^2+(-2+4)x+3=-4x^2+2x+3$
(4)$5a-4b+6-7a-5b-8$
　$=5a-7a-4b-5b+6-8$
　$=(5-7)a+(-4-5)b+6-8=-2a-9b-2$

3 (1)$12b+3c$　(2)$-\dfrac{1}{6}x-\dfrac{1}{3}y$　$\left(\dfrac{-x-2y}{6}\right)$

解き方
符号に気をつけながらかっこをはずし，計算法則 $ma+na=(m+n)a$ を使ってまとめます。
また，(2)は通分して計算します。
(1)$(7b-5c)-(-5b-8c)=7b-5c+5b+8c$
　$=(7+5)b+(-5+8)c=12b+3c$
(2)$\left(\dfrac{2}{3}x-\dfrac{5}{6}y\right)-\left(\dfrac{5}{6}x-\dfrac{1}{2}y\right)$
　$=\dfrac{2}{3}x-\dfrac{5}{6}y-\dfrac{5}{6}x+\dfrac{1}{2}y$
　$=\left(\dfrac{4}{6}-\dfrac{5}{6}\right)x+\left(-\dfrac{5}{6}+\dfrac{3}{6}\right)y=-\dfrac{1}{6}x-\dfrac{1}{3}y$

4 (1)和 $5a-2b$，　　差 $-13a+8b$

(2)和 $4x+y-12$，　差 $10x-11y+6$

解き方
それぞれの式にかっこをつけて，記号＋，－でつないで計算します。
(1)和　$(-4a+3b)+(9a-5b)$
　　$=-4a+3b+9a-5b$
　　$=(-4+9)a+(3-5)b=5a-2b$
　差　$(-4a+3b)-(9a-5b)$
　　$=-4a+3b-9a+5b$
　　$=(-4-9)a+(3+5)b=-13a+8b$
(2)和　$(7x-5y-3)+(-3x+6y-9)$
　　$=7x-5y-3-3x+6y-9$
　　$=(7-3)x+(-5+6)y-3-9=4x+y-12$
　差　$(7x-5y-3)-(-3x+6y-9)$
　　$=7x-5y-3+3x-6y+9$
　　$=(7+3)x+(-5-6)y-3+9$
　　$=10x-11y+6$

5 (1)$3a+2b$　(2)$4x-10y$　(3)$-3a-7b+3$

解き方
(1)$\quad a+7b$
　$\underline{+)\ 2a-5b}$
　$\quad 3a+2b$

(2)$\quad 7x-\ 6y$
　$\underline{-)\ 3x+\ 4y}$
　$\quad 4x-10y$

(3)$\quad\ 5a-9b$
　$\underline{-)\ 8a-2b-3}$
　$-3a-7b+3$

6 (1)$14x-19y$　(2)$-3a-6b+6$　(3)$19x-8y$

(4)$\dfrac{7x-y}{10}$　$\left(\dfrac{7}{10}x-\dfrac{1}{10}y\right)$

解き方
分配法則 $m(a+b)=ma+mb$ を使ってかっこをはずします。
(1)$3(2x-3y)+2(4x-5y)$
　$=6x-9y+8x-10y=14x-19y$
(2)$2(6a-9b)-3(5a-4b-2)$
　$=12a-18b-15a+12b+6=-3a-6b+6$

$(3)5\left(2x-\dfrac{2}{5}y\right)+3(3x-2y)=10x-2y+9x-6y$

$\qquad =19x-8y$

$(4)\dfrac{3x-y}{2}-\dfrac{4x-2y}{5}=\dfrac{5(3x-y)}{10}-\dfrac{2(4x-2y)}{10}$

$\qquad =\dfrac{5(3x-y)-2(4x-2y)}{10}$

$\qquad =\dfrac{15x-5y-8x+4y}{10}=\dfrac{7x-y}{10}$

7 $(1)\,2$ $\quad(2)\,7$

かっこをはずして式を簡単にしてから代入します。

$(1)(4x-3y)-3(-2x-6y)=4x-3y+6x+18y$

$\qquad\qquad\qquad\qquad\qquad =10x+15y$

この式に $x=\dfrac{1}{2}$, $y=-\dfrac{1}{5}$ を代入すると,

$10x+15y=10\times\dfrac{1}{2}+15\times\left(-\dfrac{1}{5}\right)=5-3=2$

$(2)7(x-y)-3(3x+11y)=7x-7y-9x-33y$

$\qquad\qquad\qquad\qquad\qquad =-2x-40y$

この式に $x=\dfrac{1}{2}$, $y=-\dfrac{1}{5}$ を代入すると,

$-2x-40y=-2\times\dfrac{1}{2}-40\times\left(-\dfrac{1}{5}\right)=-1+8=7$

3 $(1)-12x^2$ $\quad(2)18x^3$ $\quad(3)-2x^2y^2$

$(4)5m$ $\qquad(5)-\dfrac{3}{2}b$ $\quad(6)\dfrac{1}{12}xy$

$(1)4x\times(-3x)=4\times(-3)\times x\times x=-12x^2$

$(2)(-3x)^2\times2x=\{(-3x)\times(-3x)\}\times2x=18x^3$

$(3)\dfrac{1}{6}x^2\times(-12y^2)=\dfrac{1}{6}\times(-12)\times x^2\times y^2$

$\qquad\qquad\qquad\qquad =-2x^2y^2$

$(4)15m^2\div3m=\dfrac{15m^2}{3m}=5m$

$(5)4b^2\div\left(-\dfrac{8}{3}b\right)=-\left(4b^2\times\dfrac{3}{8b}\right)=-\dfrac{3}{2}b$

$(6)-\dfrac{3}{8}x^2y\div\left(-\dfrac{9}{2}x\right)=\dfrac{3x^2y}{8}\times\dfrac{2}{9x}=\dfrac{1}{12}xy$

9 $(1)40a^2b^2$ $\quad(2)-18x^2y$ $\quad(3)-24a^2b$ $\quad(4)1$

$(1)-4a\times2b\times(-5ab)$

$\qquad =(-4)\times2\times(-5)\times a\times b\times ab=40a^2b^2$

$(2)3xy\div(-2x)\times12x^2=-\dfrac{3xy\times12x^2}{2x}=-18x^2y$

$(3)8ab\times6ab\div(-2b)=-\dfrac{8ab\times6ab}{2b}=-24a^2b$

$(4)-24x^2\div(-3x)\div8x=\dfrac{24x^2}{3x\times8x}=1$

理解の**コツ**

計算法則 $ma+na=(m+n)a$, $m(a+b)=ma+mb$ を使いこなせるようにしよう。
かっこのついた式や分数をふくむ式は計算ミスをしないように注意しよう。

---

p.21 ぴたトレ1

1 m, n を整数とすると, 2つの奇数は,

$2m+1$, $2n+1$ と表される。

このとき, 2数の差は,

$(2n+1)-(2m+1)=2n+1-2m-1$

$\qquad\qquad\qquad\qquad =2n-2m=2(n-m)$

$n-m$ は整数だから, $2(n-m)$ は偶数である。
したがって, 2つの整数が, 奇数と奇数のとき, その差は偶数になる。

差が, $2\times$整数 と表されることを示します。

2 2けたの正の整数の十の位の数を a, 一の位の数を b とすると, この数は, $10a+b$ と表される。

また, 十の位の数と一の位の数を入れかえてできる数は, $10b+a$ となり, 2倍すると,

$2\times(10b+a)=20b+2a$ となる。

このとき, この2数の和は,

$(10a+b)+(20b+2a)=12a+21b=3(4a+7b)$

$4a+7b$ は整数だから, $3(4a+7b)$ は3の倍数である。

したがって, 2けたの正の整数と, その整数の十の位の数と一の位の数を入れかえてできる数を2倍した数との和は, 3の倍数になる。

$4a$ と $7b$ は整数だから, $4a+7b$ も整数であることを利用します。

3 $(1)x=8-y$ $\quad(2)x=-\dfrac{4b}{a}$ $\quad(3)a=\dfrac{S}{bc}$

$(4)y=-\dfrac{3}{2}x$

$(1)y$ を移項して, $x=8-y$

(2)両辺を $2a$ でわって, $x=-\dfrac{4b}{a}$

(3)両辺を入れかえて, $abc=S$

$\qquad$両辺を bc でわって, $a=\dfrac{S}{bc}$

$(4)3x$ を移項して, $\quad2y=-3x$

$\qquad$両辺を 2 でわって, $y=-\dfrac{3}{2}x$

4 $h=\dfrac{2S}{a+b}$

$S=\dfrac{1}{2}(a+b)h$ $\qquad\dfrac{1}{2}(a+b)h=S$

$(a+b)h=2S$ $\qquad h=\dfrac{2S}{a+b}$

① (1) m を整数とすると，連続する2つの奇数は，

$2m-1$，$2m+1$ と表される。

このとき，2数の和は，

$(2m-1)+(2m+1)=4m$

m は整数だから，$4m$ は4の倍数である。

したがって，連続する2つの奇数の和は，

4の倍数である。

(2) 百の位の数を a，十の位の数を b，一の位の数を $c(a>c)$ とすると，この3けたの自然数は $100a+10b+c$，百の位の数と一の位の数を入れかえてできる数は $100c+10b+a$ と表される。

このとき，もとの数から百の位の数と一の位の数を入れかえた数をひくと，

$(100a+10b+c)-(100c+10b+a)$

$=100a+10b+c-100c-10b-a$

$=99a-99c=99(a-c)$

$a-c$ は整数だから，$99(a-c)$ は，99の倍数である。

したがって，百の位の数が一の位の数より大きい3けたの自然数から，その数の百の位の数と一の位の数を入れかえてできる数をひいた差は，99の倍数である。

(3) 3でわって2余る数は $3n+2$ と表される。

このとき，2数の和は，

$(3m+1)+(3n+2)$

$=3m+3n+3=3(m+n+1)$

$m+n+1$ は整数だから，$3(m+n+1)$ は3の倍数である。

したがって，3でわって1余る数と，3でわって2余る数の和は，3の倍数である。

解き方 (2) 3けたの自然数を，a，b，c を使って表します。

② (1) 6倍　　(2) $\dfrac{4}{3}$ 倍

解き方 (1) 三角形Aの面積は，底辺 a，高さ h だから，

$\dfrac{1}{2}ah$ ……①

底辺を2倍，高さを3倍にした三角形Bの面積は，$\dfrac{1}{2}\times 2a\times 3h=3ah$ ……②

よって，①と②から，$3ah\div \dfrac{1}{2}ah=6$（倍）

(2) 長方形Aの周りの長さは，縦 b cm，横 $2b$ cm だから，

$2(b+2b)=2\times 3b=6b$（cm）　……①

縦の長さを3倍，横の長さを $\dfrac{1}{2}$ 倍にした長方形Bの周りの長さは，

$2\left(b\times 3+2b\times \dfrac{1}{2}\right)=2(3b+b)$

$=2\times 4b=8b$（cm）　……②

①，②から，$8b\div 6b=\dfrac{8b}{6b}=\dfrac{4}{3}$（倍）

③ (1) $y=\dfrac{3}{2}x-5$ 　$\left(y=\dfrac{3x-10}{2}\right)$

(2) $y=3x-3$ 　(3) $h=\dfrac{3S}{a^2}$

(4) $b=a-\dfrac{\ell}{2}$ 　$\left(b=\dfrac{2a-\ell}{2}\right)$

(5) $a=3m-b-c$

(6) $r=\dfrac{3S}{2}-a$ 　$\left(r=\dfrac{3S-2a}{2}\right)$

解き方 (1) $-2y=-3x+10$ 　　$y=\dfrac{3}{2}x-5$

(2) $\dfrac{y}{3}+1=x$ 　　$\dfrac{y}{3}=x-1$ 　　$y=3x-3$

(3) $\dfrac{1}{3}a^2h=S$ 　　$a^2h=3S$ 　　$h=\dfrac{3S}{a^2}$

(4) $2(a-b)=\ell$ 　　$a-b=\dfrac{\ell}{2}$

$-b=-a+\dfrac{\ell}{2}$ 　　$b=a-\dfrac{\ell}{2}$

(5) $\dfrac{a+b+c}{3}=m$ 　　$a+b+c=3m$

$a=3m-b-c$

(6) $\dfrac{2(a+r)}{3}=S$ 　　$a+r=\dfrac{3S}{2}$ 　　$r=\dfrac{3S}{2}-a$

④ $6a^2$ cm^2

解き方 正方形の面積から，三角形の面積をひいて求めます。

正方形の面積は，

$3a\times 3a=9a^2$（cm^2）

三角形の面積は，

$\dfrac{1}{2}\times 3a\times 2a=3a^2$（cm^2）

よって，$9a^2-3a^2=6a^2$（cm^2）

⑤ (1) $\ell=2\pi a$ 　(2) $m=2\pi b$ 　(3) $n=\ell+m$

解き方 半径 r の円の周の長さは，$2\pi r$ です。

(3) $n=2\pi(a+b)$ だから，

$n=2\pi a+2\pi b=\ell+m$

・文字式の利用では，問題文から数量の関係を見つけ
られるよう幅広い練習が必要である。

・等式の変形では，解く文字以外の文字を，数と同じ
ように考えよう。

p.24〜25　　　　　　　　　**ぴたトレ3**

① (1)⑦，⓪　(2)⑦

解き方　(2)多項式の場合，各項の次数でもっとも大きい
ものが，その多項式の次数です。

② (1)$-2a^2+3a-1$

(2)$-\dfrac{1}{18}x-\dfrac{13}{12}y$　$\left(\dfrac{-2x-39y}{36}\right)$

解き方　計算法則 $ma+na=(m+n)a$ を使ってまとめます。
また，(2)は通分して計算します。

(1)$a+3a^2-2-5a^2+2a+1$
$=3a^2-5a^2+a+2a-2+1$
$=(3-5)a^2+(1+2)a-2+1$
$=-2a^2+3a-1$

(2)$\dfrac{5}{6}x-\dfrac{4}{3}y-\dfrac{8}{9}x+\dfrac{1}{4}y$

$=\dfrac{15}{18}x-\dfrac{16}{18}x-\dfrac{16}{12}y+\dfrac{3}{12}y$

$=\left(\dfrac{15}{18}-\dfrac{16}{18}\right)x+\left(-\dfrac{16}{12}+\dfrac{3}{12}\right)y$

$=-\dfrac{1}{18}x-\dfrac{13}{12}y$

③ 和 $-a^2+2a$，差 $5a^2-6$

解き方　それぞれの式にかっこをつけて，記号＋，－で
つないで計算します。
和　$(2a^2+a-3)+(a-3a^2+3)$
$=2a^2+a-3+a-3a^2+3=-a^2+2a$
差　$(2a^2+a-3)-(a-3a^2+3)$
$=2a^2+a-3-a+3a^2-3=5a^2-6$
差の計算では，－の後ろのかっこをはずすとき
に，かっこの中の各項の符号を変えることに注
意します。

④ (1)$a^2+10a-7$　(2)$3y$

(3)$-x-\dfrac{11}{6}y$　$\left(\dfrac{-6x-11y}{6}\right)$

(4)$1.8x-1.4y+3$

解き方　かっこの前が－のときの計算に注意します。
(1)$3(a^2+2a-3)-2(a^2-2a-1)$
$=3a^2+6a-9-2a^2+4a+2$
$=a^2+10a-7$

(2)$3\left(2x+\dfrac{1}{3}y\right)+2(-3x+y)=6x+y-6x+2y$
$=3y$

(3)$5\left(\dfrac{3}{10}x-\dfrac{2}{3}y\right)-3\left(\dfrac{5}{6}x-\dfrac{1}{2}y\right)$

$=\dfrac{3}{2}x-\dfrac{10}{3}y-\dfrac{5}{2}x+\dfrac{3}{2}y$

$=-x-\dfrac{20}{6}y+\dfrac{9}{6}y$

$=-x-\dfrac{11}{6}y$

(4)　　　$-3.4x-0.6y+1$
　　$-)\ -5.2x+0.8y-2$
　　　　$1.8x-1.4y+3$

⑤ (1)-2　(2)18

解き方　式の値を求めるときは，式を簡単にしてから代
入します。

(1)$2(x-3y)+3(2x+y)$
$=2x-6y+6x+3y=8x-3y$

この式に $x=-\dfrac{1}{8}$，$y=\dfrac{1}{3}$ を代入すると，

$8\times\left(-\dfrac{1}{8}\right)-3\times\dfrac{1}{3}=-1-1=-2$

(2)$4ab^2\div(-6b)\times3a=-\dfrac{4ab^2\times3a}{6b}=-2a^2b$

この式に $a=6$，$b=-\dfrac{1}{4}$ を代入すると，

$-2\times6^2\times\left(-\dfrac{1}{4}\right)=-2\times36\times\left(-\dfrac{1}{4}\right)=18$

⑥ (1)$-48xy$　(2)$-4x$　(3)$6a^3$　(4)$-\dfrac{20}{9}x$

(5)$-x^2y^2$　(6)$-6b$　(7)$12a^2b$　(8)$6a$

解き方　(1)$8x\times(-6y)=8\times(-6)\times x\times y=-48xy$

(2)$100x^2y\div(-25xy)=-\dfrac{100x^2y}{25xy}=-4x$

(3)$(-3a)\times(-2a^2)=(-3)\times(-2)\times a\times a^2=6a^3$

(4)$-\dfrac{5}{3}x^2y^2\div\dfrac{3}{4}xy^2=-\dfrac{5x^2y^2}{3}\div\dfrac{3xy^2}{4}$

$=-\left(\dfrac{5x^2y^2}{3}\times\dfrac{4}{3xy^2}\right)=-\dfrac{5\times x^2\times y^2\times4}{3\times3\times x\times y^2}$

$=-\dfrac{20}{9}x$

(5)$xy^2\div(-xy)\times x^2y=-\dfrac{xy^2\times x^2y}{xy}=-x^2y^2$

(6)$-72a^2b^2\div(-4ab)\div(-3a)$
$=-\dfrac{72a^2b^2}{4ab\times3a}=-6b$

(7)$9a^2b^2\div\left(-\dfrac{3}{2}ab\right)\times(-2a)$

$=9a^2b^2\times\left(-\dfrac{2}{3ab}\right)\times(-2a)$

$=\dfrac{9a^2b^2\times2\times2a}{3ab}=12a^2b$

(8)$(-5a^2) \times 3b \div \left(-\dfrac{5}{2}ab\right)$

$\qquad = (-5a^2) \times 3b \times \left(-\dfrac{2}{5ab}\right)$

$\qquad = \dfrac{5a^2 \times 3b \times 2}{5ab} = 6a$

分数をふくむ式の除法では，乗法になおすとき
にミスをしやすいので注意しましょう。

❼ (1)m, n を整数とすると，2つの偶数は，

$2m$, $2n$ と表される。

このとき，2数の和は，

$2m + 2n = 2(m+n)$

$m+n$ は整数だから，$2(m+n)$ は偶数である。

したがって，2つの偶数の和は偶数である。

(2)m を整数とする。

もっとも小さい偶数を $2m$ とすると，連続す
る3つの偶数は，$2m$, $2m+2$, $2m+4$ と表
される。

このとき，この3つの数の和は，

$2m + (2m+2) + (2m+4) = 6m + 6 = 6(m+1)$

$m+1$ は整数だから，$6(m+1)$ は6の倍数で
ある。

したがって，連続する3つの偶数の和は，
6の倍数である。

解き方 (1)ある文字を整数として，偶数を文字式で表し，
和を計算します。

(2)連続する3つの偶数を文字式で表して和を計
算し，6×整数の形に変形します。

❽ 一定で，周の和は変わらない。

解き方 もとの2つの円の周の和は，

$2\pi a + 2\pi b$ (cm) ……①

円Aの半径を x cm 長くし，円Bの半径を x cm
短くすると，できた2つの円の周の和は，

$2\pi(a+x) + 2\pi(b-x)$

$= 2\pi a + 2\pi x + 2\pi b - 2\pi x$

$= 2\pi a + 2\pi b$ (cm) ……②

①，②から，周の和は変わらないことがわかり
ます。

また，円Aの半径を x cm 短くし，円Bの半径を
x cm 長くしても，結果は同じになります。

2章　連立方程式

p.27 　　　　　　　　ぴたトレ **0**

1 (1)$x=-15$　(2)$x=5$　(3)$x=14$

(4)$x=4$　　(5)$x=-5$　(6)$x=2$

(4)両辺に 10 をかけると，
$$7x-26=-4x+18$$
$$11x=44 \qquad x=4$$

(6)両辺に分母の公倍数 20 をかけて分母をはらうと，
$$\frac{x+3}{5}\times 20=\frac{3x-2}{4}\times 20$$
$$(x+3)\times 4=(3x-2)\times 5$$
$$4x+12=15x-10$$
$$-11x=-22 \qquad x=2$$

2 9 人

色紙の枚数を，2 通りの配り方で，それぞれ式に表します。
生徒の人数を x 人とすると，
$$4x+15=6x-3$$
$$4x-6x=-3-15$$
$$-2x=-18 \qquad x=9$$
この解は問題にあっています。

3 プリン 8 個，シュークリーム 4 個

プリンを x 個とすると，シュークリームの個数は $12-x$(個)となります。
代金について方程式をつくると，
$$120x+150(12-x)+100=1660$$
$$120x+1800-150x+100=1660$$
$$120x-150x=1660-1800-100$$
$$-30x=-240 \qquad x=8$$
この解は問題にあっています。
シュークリームは　$12-8=4$ (個)

p.29 　　　　　　　　ぴたトレ **1**

1 ⑦，⑦

2 つの文字をふくむ一次方程式が，二元一次方程式です。

2 (1)$x+y=6$

x	1	2	3	4	5	6
y	5	4	3	2	1	0

$2x-3y=2$

x	1	2	3	4	5	6
y	0	$\frac{2}{3}$	$\frac{4}{3}$	2	$\frac{8}{3}$	$\frac{10}{3}$

(2)(4, 2)

(1)$x+y=6$
$x=1$ を $x+y=6$ に代入すると，
$$1+y=6 \qquad y=5$$
$x=2$ を $x+y=6$ に代入すると，
$$2+y=6 \qquad y=4$$
あとは，$x=3$, 4, 5, 6 を，同じように代入していきます。
$2x-3y=2$
$x=1$ を $2x-3y=2$ に代入すると，
$$2\times 1-3y=2 \qquad -3y=0 \qquad y=0$$
$x=2$ を $2x-3y=2$ に代入すると，
$$2\times 2-3y=2 \qquad -3y=-2 \qquad y=\frac{2}{3}$$
あとは，$x=3$, 4, 5, 6 を，同じように代入していきます。

(2)表から，$x+y=6$ と $2x-3y=2$ に共通する解は，(4, 2) です。

3 ⑦，⑦

$x=4$, $y=3$ を⑦〜⑦に代入します。
左辺と右辺が等しくなれば，解です。
⑦$x+y=4+3=7$　　　　　○
　$2x+y=8+3=11$　　　　×
⑦$3x-y=12-3=9$　　　　○
　$x-2y=4-6=-2$　　　　○
⑦$-x+5y=-4+15=11$　　○
　$4x-3y=16-9=7$　　　　○
よって，⑦と⑦です。

p.31 　　　　　　　　ぴたトレ **1**

1 (1)$(x, y)=(1, 2)$　　(2)$(x, y)=(2, 2)$

(3)$(x, y)=(3, -4)$　(4)$(x, y)=(1, -2)$

(5)$(x, y)=(-1, 3)$　(6)$(x, y)=(-3, -2)$

上の式を①，下の式を②とします。
(1)①－②
$$\begin{array}{r} 3x+y=5 \\ -)\ 2x+y=4 \\ \hline x=1 \end{array}$$
$x=1$ を②に代入すると，$2+y=4 \qquad y=2$
(2)①＋②
$$\begin{array}{r} -x+4y=6 \\ +)\ \ x+3y=8 \\ \hline 7y=14 \qquad y=2 \end{array}$$
$y=2$ を②に代入すると，$x+6=8 \qquad x=2$
(3)①×2－②
$$\begin{array}{r} 8x+2y=16 \\ -)\ 3x+2y=1 \\ \hline 5x=15 \qquad x=3 \end{array}$$
$x=3$ を①に代入すると，$12+y=8 \qquad y=-4$

数学　**9**

(4)①×3−②　　15x+　9y=−3

$$\begin{array}{r} 15x+\ 9y=-3 \\ -)\ 15x-\ 4y=23 \\ \hline 13y=-26 \qquad y=-2 \end{array}$$

y=−2 を①に代入すると，

5x−6=−1　　5x=5　　x=1

(5)①×5−②×2　　45x+10y=−15

$$\begin{array}{r} 45x+10y=-15 \\ -)\ 14x+10y=16 \\ \hline 31x\qquad\ =-31 \qquad x=-1 \end{array}$$

x=−1 を①に代入すると，

−9+2y=−3　　2y=6　　y=3

(6)①×2−②×3　　8x−6y=−12

$$\begin{array}{r} 8x-6y=-12 \\ -)\ 15x-6y=-33 \\ \hline -7x\qquad =21 \qquad x=-3 \end{array}$$

x=−3 を①に代入すると，

−12−3y=−6　　−3y=6　　y=−2

2 (1)(x, y)=(1, 4)　(2)(x, y)=(5, 2)

(3)(x, y)=(7, 2)　(4)(x, y)=(4, 4)

(5)(x, y)=(3, 2)　(6)(x, y)=(−3, −4)

上の式を①，下の式を②とします。

(1)①を②に代入すると，

x+4x=5　　5x=5　　x=1

x=1 を①に代入すると，y=4×1=4

(2)②を①に代入すると，

(y+3)+2y=9　　3y=6　　y=2

y=2 を②に代入すると，x=2+3=5

(3)①を②に代入すると，x+2(x−5)=11

x+2x−10=11　　3x=21　　x=7

x=7 を①に代入すると，y=7−5=2

(4)①を②に代入すると，3x−(x+4)=4

3x−x−4=4　　2x=8　　x=4

x=4 を①に代入すると，2y=8　　y=4

(5)①から，y=−4+2x　……①′

①′を②に代入すると，6x−5(−4+2x)=8

6x+20−10x−8　　−4x=12　　x=3

x=3 を①′に代入すると，y=−4+2×3=2

(6)①から，x=−15−3y　……①′

①′を②に代入すると，7(−15−3y)−4y=−5

−105−21y−4y=−5　　−25y=100　　y=−4

y=−4 を①′に代入すると，

x=−15−3×(−4)=−3

1 (1)(x, y)=(4, 1)　(2)(x, y)=(−2, 4)

(3)(x, y)=(3, 2)

上の式を①，下の式を②とします。

(1)①から，3x−3y=2x+1　　x−3y=1　……①′

①′×5−②　　5x−15y=5

$$\begin{array}{r} 5x-15y=5 \\ -)\ 5x-\ 7y=13 \\ \hline -\ 8y=-8 \qquad y=1 \end{array}$$

y=1 を①′に代入すると，x−3=1　　x=4

(2)②から，4x−4y=2x−5y　　y=−2x　……②′

②′を①に代入すると，

x−4x=6　　−3x=6　　x=−2

x=−2 を②′に代入すると，y=4

(3)①から，　x+3y=8−x+4

2x+3y=12　　……①′

②から，4x−7y=−2　……②′

①′×2−②′　　4x+6y=24

$$\begin{array}{r} 4x+\ 6y=24 \\ -)\ 4x-\ 7y=-2 \\ \hline 13y=26 \qquad y=2 \end{array}$$

y=2 を①′に代入すると，

2x+6=12　　2x=6　　x=3

2 (1)(x, y)=(5, 8)　　　(2)(x, y)=(−3, −4)

(3)(x, y)=(−3, −20)　(4)(x, y)=(−1, 3)

上の式を①，下の式を②とします。

(1)②×10 から，2x−5y=−30　……②′

①−②′　　2x−y=2

$$\begin{array}{r} 2x-\ y=2 \\ -)\ 2x-5y=-30 \\ \hline 4y=32 \qquad y=8 \end{array}$$

y=8 を①に代入すると，

2x−8=2　　2x=10　　x=5

(2)①×6 から，4x+3y=−24　……①′

①′+②×3　　4x+3y=−24

$$\begin{array}{r} 4x+3y=-24 \\ +)\ 9x-3y=-15 \\ \hline 13x\qquad =-39 \qquad x=-3 \end{array}$$

x=−3 を②に代入すると，

−9−y=−5　　y=−4

(3)①×48 から，4x−3y=48　……①′

①′−②　　4x−3y=48

$$\begin{array}{r} 4x-3y=48 \\ -)\ 5x-3y=45 \\ \hline -\ x\qquad =3 \qquad x=-3 \end{array}$$

x=−3 を①に代入すると，

−12−3y=48　　−3y=60　　y=−20

(4)①×10 から，7x+3y=2　……①′

①′−②×3　　7x+3y=2

$$\begin{array}{r} 7x+3y=2 \\ -)\ 6x+3y=3 \\ \hline x\qquad =-1 \end{array}$$

x=−1を②に代入すると，−2+y=1　　y=3

3 $(1)(x, \ y)=(2, \ -1)$ $(2)(x, \ y)=(4, \ -1)$

$(3)(x, \ y)=(-1, \ 3)$

解き方

$(1)\begin{cases}4x-y=3x-y+2 & \cdots\cdots① \\ 4x-y=9 & \cdots\cdots②\end{cases}$

①から，$x=2$

$x=2$ を②に代入すると，$8-y=9$　　$y=-1$

$(2)\begin{cases}6x-5y=7x-y & \cdots\cdots① \\ 7x-y=29 & \cdots\cdots②\end{cases}$

①から，$x=-4y$　$\cdots\cdots①'$

$①'$ を②に代入すると，

$-28y-y=29$　　$-29y=29$　　$y=-1$

$y=-1$ を$①'$に代入すると，$x=4$

$(3)\begin{cases}2x+3y=7 & \cdots\cdots① \\ -x+2y=7 & \cdots\cdots②\end{cases}$

①＋②×2　　　$2x+3y=7$

$\underline{+) \ -2x+4y=14}$

　　　　　　　　$7y=21$　　$y=3$

$y=3$ を②に代入すると，$-x+6=7$　　$x=-1$

p.34～35　　　　ぴたトレ**2**

1 (1) ⑦$\cdots$ 0　　　　　④$\cdots-3$　　　⑦$\cdots-\dfrac{9}{2}$

　　　　④$\cdots-\dfrac{11}{3}$　　　④$\cdots-3$　　　⑦$\cdots-\dfrac{5}{3}$

$(2)(x, \ y)=(4, \ -3)$

解き方

$(1)3x+2y=6$ に $x=2$，$x=4$，$x=5$，

　$2x-3y=17$ に $x=3$，$x=4$，$x=6$ をそれぞれ

　代入し，y の方程式として解きます。

$(2)(1)$の表から，両方を成り立たせる x，y の値の

　組を見つけます。

2 $a=-2$，$b=5$

解き方

連立方程式に $x=3$，$y=-4$ を代入すると，

$3a+8=2$ $\cdots\cdots①$　　$12-4b=-8$ $\cdots\cdots②$

①から，$3a=-6$　　$a=-2$

②から，$-4b=-20$　　$b=5$

3 $(1)(x, \ y)=(1, \ 4)$　　　$(2)(x, \ y)=(2, \ 1)$

$(3)(x, \ y)=(3, \ -2)$　　$(4)(x, \ y)=(2, \ -1)$

上の式を①，下の式を②とします。

$(1)①＋②から，11x=11$　　$x=1$

　$x=1$ を①に代入すると，

　$4\times1+y=8$　　$y=8-4=4$

$(2)①-②から，-8y=-8$　　$y=1$

　$y=1$ を①に代入すると，

　$2x-3\times1=1$　　$2x=4$　　$x=2$

$(3)①\times2+②から，11x=33$　　$x=3$

　$x=3$ を①に代入すると，

　$3\times3+2y=5$　　$2y=-4$　　$y=-2$

$(4)①\times3-②\times5$ から，$-23y=23$　　$y=-1$

　$y=-1$ を①に代入すると，

　$5x+4\times(-1)=6$　　$5x=10$　　$x=2$

4 $(1)(x, \ y)=(3, \ 1)$　　$(2)(x, \ y)=(2, \ 0)$

$(3)(x, \ y)=(1, \ 4)$　　$(4)(x, \ y)=(1, \ -2)$

解き方

上の式を①，下の式を②とします。

$(1)①$を②に代入すると，

　$x+(x-2)=4$　　$2x=6$　　$x=3$

　$x=3$ を①に代入すると，$y=3-2=1$

$(2)①$を②に代入すると，$4(2-4y)-3y=8$

　$8-16y-3y=8$　　$-19y=0$　　$y=0$

　$y=0$ を①に代入すると，$x=2-4\times0=2$

$(3)②$を①に代入すると，$6x-(5x+7)=-6$

　$6x-5x-7=-6$　　$x=1$

　$x=1$ を②に代入すると，$3y=12$　　$y=4$

$(4)①$から，$x=5+2y$ $\cdots\cdots①'$

　$①'$ を②に代入すると，$7(5+2y)+4y=-1$

　$35+14y+4y=-1$　　$18y=-36$　　$y=-2$

　$y=-2$ を$①'$に代入すると，$x=5+2\times(-2)=1$

5 $(1)(x, \ y)=(1, \ 2)$　　$(2)(x, \ y)=(4, \ -1)$

$(3)(x, \ y)=(8, \ 9)$　　$(4)(x, \ y)=(7, \ -2)$

解き方

上の式を①，下の式を②とします。

$(1)①$から，$2x+3y+3y=11$

　$5x+3y=11$ $\cdots\cdots①'$　　$①'-②$から，$x=1$

　$x=1$ を②に代入すると，

　$4+3y=10$　　$3y=6$　　$y=2$

$(2)①$から，$3x+2y=5-5y$

　$3x+7y=5$ $\cdots\cdots①'$

　②から，$x-2x+6=-2y$

　$-x+2y=-6$ $\cdots\cdots②'$

　$①'+②'\times3$ から，$13y=-13$　　$y=-1$

　$y=-1$ を$②'$に代入すると，

　$-x-2=-6$　　$x=4$

$(3)①$を整理すると，$2x-y=7$ $\cdots\cdots①'$

　$②\times12$ から，$3x+4y=60$　　$\cdots\cdots②'$

　$①'\times4+②'$ から，$11x=88$　　$x=8$

　$x=8$ を$①'$に代入すると，

　$16-y=7$　　$-y=-9$　　$y=9$

$(4)①\times10$ より，$4x+9y=10$ $\cdots\cdots①'$

　$①'-②\times2$ から，$-y=2$　　$y=-2$

　$y=-2$ を②に代入すると，

　$2x-10=4$　　$2x=14$　　$x=7$

6 $(1)(x, \ y)=(-5, \ -3)$　$(2)(x, \ y)=(3, \ 5)$

解き方

$(1)-x+4y=-7$ $\cdots\cdots①$

　$2x-y=-7$　　$\cdots\cdots②$とすると，

　$①\times2+②$ から，$7y=-21$　　$y=-3$

$y=-3$ を②に代入すると，

$2x+3=-7$ $2x=-10$ $x=-5$

(2) $3x-y=4$ ……① $x+3y-14=4$ ……②

とすると，②から，$x+3y=18$ ……②′

①－②′×3 より，$-10y=-50$ $y=5$

$y=5$ を①に代入すると，

$3x-5=4$ $3x=9$ $x=3$

理解の**コツ**

・加減法で係数をそろえるときには，右辺にもかけるのを忘れないようにしよう。

・小数や分数をふくむ式は，両辺を整数倍して簡単な方程式になおしてから解くようにしよう。

p.37　　　　　　　　　ぴたトレ**1**

1 りんご 3 個，みかん 5 個

解き方
りんごを x 個，みかんを y 個買ったとすると，

$\begin{cases} x+y=8 & ……① \\ 230x+80y=1090 & ……② \end{cases}$

①×80－②から，$-150x=-450$ $x=3$

$x=3$ を①に代入すると，$3+y=8$ $y=5$

この解は問題にあっています。

2 おとな 1 人 1000 円，中学生 1 人 700 円

解き方
おとな 1 人の入館料を x 円，中学生 1 人の入館料を y 円とすると，

$\begin{cases} 3x+2y=4400 & ……① \\ x+3y=3100 & ……② \end{cases}$

①－②×3 から，$-7y=-4900$ $y=700$

$y=700$ を②に代入すると，

$x+2100=3100$ $x=1000$

この解は問題にあっています。

3 米 2500 kg，小麦粉 2000 kg

解き方
米が x kg，小麦粉が y kg あるとすると，

$\begin{cases} x+y=4500 & ……① \\ \dfrac{80}{100}x+\dfrac{60}{100}y=3200 & ……② \end{cases}$

②から，$\dfrac{8}{10}x+\dfrac{6}{10}y=3200$ $8x+6y=32000$

両辺を 2 でわると，$4x+3y=16000$ ……②′

①×3－②′から，$-x=-2500$ $x=2500$

$x=2500$ を①に代入すると，

$2500+y=4500$ $y=2000$

この解は問題にあっています。

4 花びん 1800 円，ぬいぐるみ 1500 円

解き方
花びんの定価を x 円，ぬいぐるみの定価を y 円とすると，

$\begin{cases} x+y=3300 & ……① \\ \left(1-\dfrac{40}{100}\right)x+\left(1-\dfrac{30}{100}\right)y=2130 & ……② \end{cases}$

②から，$\dfrac{60}{100}x+\dfrac{70}{100}y=2130$

$6x+7y=21300$ ……②′

①×6－②′から，$-y=-1500$ $y=1500$

$y=1500$ を①に代入すると，

$x+1500=3300$ $x=1800$

この解は問題にあっています。

5 駅から池の前まで 8 km

池の前から史料館まで 5 km

解き方
駅から池の前までの道のりを x km，池の前から史料館までの道のりを y km とします。

道のりについて，$x+y=13$ ……①

時間について，

$\dfrac{x}{4}+\dfrac{y}{5}=3$ ……②

②×20 から，$5x+4y=60$ ……②′

①×4－②′から，$-x=-8$ $x=8$

$x=8$ を①に代入すると，

$8+y=13$ $y=5$

この解は問題にあっています。

p.38〜39　　　　　　　　　ぴたトレ**2**

◆ 50 円切手 9 枚，120 円切手 6 枚

解き方
50 円切手を x 枚，120 円切手を y 枚買ったとすると，

$\begin{cases} x+y=15 & ……① \\ 50x+120y=1170 & ……② \end{cases}$

①×50－②から，$-70y=-420$ $y=6$

$y=6$ を①に代入すると，$x+6=15$ $x=9$

この解は問題にあっています。

◆ おとな 1 人 700 円，子ども 1 人 400 円

解き方
おとな 1 人の入園料を x 円，子ども 1 人の入園料を y 円とすると，

$\begin{cases} x+y=1100 & ……① \\ 2x+5y=3400 & ……② \end{cases}$

①×2－②から，$-3y=-1200$ $y=400$

$y=400$ を①に代入すると，

$x+400=1100$ $x=700$

この解は問題にあっています。

◆ A 1 本 120 円，B 1 本 100 円

解き方
A 1 本の値段を x 円，B 1 本の値段を y 円とすると，

$\begin{cases} 4x+5y=1000-20 \\ 6x+3y=1000+20 \end{cases}$

つまり，$\begin{cases} 4x+5y=980 & ……① \\ 6x+3y=1020 & ……② \end{cases}$

①×3－②×2 から，$9y=900$ $y=100$

$y=100$ を①に代入すると，

$4x+500=980$ $4x=480$ $x=120$

この解は問題にあっています。

④ **スニーカー 2500 円，サンダル 3000 円**

解き方
スニーカーの定価を x 円，サンダルの定価を y 円とすると，

$$\begin{cases} x+y=5500 & \cdots\cdots① \\ \left(1-\dfrac{2}{10}\right)x+\left(1-\dfrac{1}{10}\right)y=4700 & \cdots\cdots② \end{cases}$$

②×10 から，$8x+9y=47000$ $\cdots\cdots②'$

①×8−②' から，$-y=-3000$ $y=3000$

$y=3000$ を①に代入すると，

$x+3000=5500$ $x=2500$

この解は問題にあっています。

⑤ **男子 220 人，女子 200 人**

解き方
昨年の男子を x 人，女子を y 人とすると，

$$\begin{cases} x+y=420 & \cdots\cdots① \\ \left(1-\dfrac{25}{100}\right)x+\left(1+\dfrac{20}{100}\right)y=405 & \cdots\cdots② \end{cases}$$

②から，

$\dfrac{75}{100}x+\dfrac{120}{100}y=405$ $75x+120y=40500$

両辺を 15 でわると，$5x+8y=2700$ $\cdots\cdots②'$

①×5−②' から，$-3y=-600$ $y=200$

$y=200$ を①に代入すると，

$x+200=420$ $x=220$

この解は問題にあっています。

⑥ **列車の長さ 120 m，速さ 秒速 20 m**

解き方
列車の長さを x m，速さを秒速 y m とすると，

$$\begin{cases} 280+x=20y & \cdots\cdots① \\ 320+x=22y & \cdots\cdots② \end{cases}$$

①−②から，$-40=-2y$ $y=20$

$y=20$ を①に代入すると，

$280+x=400$ $x=120$

この解は問題にあっています。

⑦ **家から学校までの道のり 2 km**
学校から駅までの道のり 5 km

解き方
家から学校までの道のりを x km，学校から駅までの道のりを y km とすると，

$$\begin{cases} x+y=7 & \cdots\cdots① \\ \dfrac{x}{8}+\dfrac{y}{10}=\dfrac{3}{4} & \cdots\cdots② \end{cases}$$

②×40 から，$5x+4y=30$ $\cdots\cdots②'$

①×4−②' から，$-x=-2$ $x=2$

$x=2$ を①に代入すると，$2+y=7$ $y=5$

この解は問題にあっています。

⑧ **縦の長さ 45 m，横の長さ 30 m**

解き方
縦の長さを x m，横の長さを y m とすると，

$$\begin{cases} x=y+15 & \cdots\cdots① \\ 2(x+y)=150 & \cdots\cdots② \end{cases}$$

②÷2 から，$x+y=75$ $\cdots\cdots②'$

①を②' に代入すると，

$(y+15)+y=75$ $2y=60$ $y=30$

$y=30$ を①に代入すると，$x=30+15=45$

この解は問題にあっています。

⑨ **8，5**

解き方
大きい方の数を x，小さい方の数を y とすると，

$$\begin{cases} 2x-y=11 & \cdots\cdots① \\ 3y-x=7 & \cdots\cdots② \end{cases}$$

①+②×2 から，$5y=25$ $y=5$

$y=5$ を①に代入すると，

$2x-5=11$ $2x=16$ $x=8$

この解は問題にあっています。

⑩ **5 時間**

解き方
給水管 A から 1 時間にはいる水の量を x m³，給水管 B から 1 時間にはいる水の量を y m³ とすると，

$$\begin{cases} x+2y=32 & \cdots\cdots① \\ 3x+2y=48 & \cdots\cdots② \end{cases}$$

①−②から，$-2x=-16$ $x=8$

$x=8$ を①に代入すると，

$8+2y=32$ $2y=24$ $y=12$

この解は問題にあっています。

よって，A，B を同時に使うと，1 時間にはいる水の量は，$8+12=20(m^3)$ だから，求める時間は，$100÷20=5$(時間)

> **理解のコツ**
> ・連立方程式の解がそのまま答えにならない場合もあるので注意し，確かめをしよう。

p.40〜41 **ぴたトレ3**

❶ (1)$(x, y)=(5, 1)$ (2)$(x, y)=(-3, 4)$

(3)$(x, y)=(-1, 4)$ (4)$(x, y)=(2, -4)$

解き方
上の式を①，下の式を②とします。

(1)①×2−②から，$-y=-1$ $y=1$

$y=1$ を①に代入すると，

$2x-3=7$ $2x=10$ $x=5$

(2)①×3+②×2 から，$19x=-57$ $x=-3$

$x=-3$ を②に代入すると，

$-15+6y=9$ $6y=24$ $y=4$

(3)①を②に代入すると，$2x+3(3-x)=10$

$2x+9-3x=10$　　$-x=1$　　$x=-1$

$x=-1$ を①に代入すると，

$y=3-(-1)=4$

(4)①から，$x=3y+14$ ……①′

①′を②に代入すると，$3(3y+14)-4y=22$

$9y+42-4y=22$　　$5y=-20$　　$y=-4$

$y=-4$ を①′に代入すると，

$x=3\times(-4)+14=2$

② (1)$(x，y)=(5，-6)$　(2)$(x，y)=(3，-1)$

(3)$(x，y)=(9，3)$

解き方 上の式を①，下の式を②とします。

(1)①×10 から，$3x+5y=-15$ ……①′

②×9 から，$3x-2y=27$ ……②′

①′-②′から，$7y=-42$　　$y=-6$

$y=-6$ を②′に代入すると，

$3x+12=27$　　$3x=15$　　$x=5$

(2)①から，$4x-12y-3=6x-3y$

$-2x-9y=3$ ……①′

②×14 から，$4(3x+2y)=21(x-y)-56$

$12x+8y=21x-21y-56$

$-9x+29y=-56$ ……②′

①′×9-②′×2 から，$-139y=139$　　$y=-1$

$y=-1$ を①′に代入すると，

$-2x+9=3$　　$-2x=-6$　　$x=3$

(3)①×12 から，$3(x+3)=4(2x-3y)$

$3x+9=8x-12y$　　$-5x+12y=-9$ ……①′

②×6 から，$5x-9y=18$ ……②′

①′+②′から，$3y=9$　　$y=3$

$y=3$ を②′に代入すると，

$5x-27=18$　　$5x=45$　　$x=9$

③ (1)$(x，y)=(4，-1)$　(2)$(x，y)=(4，6)$

解き方 $A=B=C$ の形の方程式を解く問題です。

$A=C$，$B=C$ の連立方程式になおして解きます。

(1)$2x+y=7$ ……①

$x-3y=7$ ……②とすると，

①-②×2 から，$7y=-7$　　$y=-1$

$y=-1$ を②に代入すると，

$x+3=7$　　$x=4$

(2)$3x-y=6$ ……①

$8x-5y+4=6$ ……②とすると，

②から，$8x-5y=2$ ……②′

①×5-②′から，$7x=28$　　$x=4$

$x=4$ を①に代入すると，

$12-y=6$　　$-y=-6$　　$y=6$

④ $a=2$，$b=1$

解き方 $(x，y)=(3，b)$ を代入すると，

$\begin{cases} 3a+b=7 & ……① \\ 3-2b=1 & ……② \end{cases}$

②から，$-2b=-2$　　$b=1$

$b=1$ を①に代入すると，

$3a+1=7$　　$3a=6$　　$a=2$

⑤ **80 円の菓子 11 個，100 円の菓子 9 個**

解き方 80 円の菓子を x 個，100 円の菓子を y 個買った

とすると，

$\begin{cases} x+y=20 & ……① \\ 80x+100y=1780 & ……② \end{cases}$

①×100-②から，$20x=220$　　$x=11$

$x=11$ を①に代入すると，$11+y=20$　　$y=9$

この解は問題にあっています。

⑥ **5 分間**

解き方 走った時間を x 分間，歩いた時間を y 分間とす

ると，

$\begin{cases} x+y=15 & ……① \\ 160x+80y=1600 & ……② \end{cases}$

①×80-②から，$-80x=-400$　　$x=5$

$x=5$ を①に代入すると，$5+y=15$　　$y=10$

この解は問題にあっています。

⑦ **長さ 80 m，秒速 20 m**

解き方 急行列車の長さを x m，秒速を y m とすると，

$\begin{cases} 500+x=29y & ……① \\ 500+(x-25)=37(y-5) & ……② \end{cases}$

②から，$500+x-25=37y-185$

$660+x=37y$ ……②′

①-②′から，$-160=-8y$　　$y=20$

$y=20$ を①に代入すると，$500+x=580$　　$x=80$

この解は問題にあっています。

⑧ **おとな 260 人，子ども 225 人**

解き方 先週のおとなを x 人，子どもを y 人とすると，

$\begin{cases} x+y=450 & ……① \\ \left(1+\dfrac{30}{100}\right)x+\left(1-\dfrac{10}{100}\right)y=485 & ……② \end{cases}$

②から，$\dfrac{130}{100}x+\dfrac{90}{100}y=485$

$13x+9y=4850$ ……②′

①×9-②′から，$-4x=-800$　　$x=200$

$x=200$ を①に代入すると，

$200+y=450$　　$y=250$

この解は問題にあっています。

今週のおとなは，$200\times\dfrac{130}{100}=260$（人）

今週の子どもは，$250\times\dfrac{90}{100}=225$（人）

3章　一次関数

p.43 ぴたトレ**0**

① $(1)y=4x$　$(2)y=120-x$　$(3)y=\dfrac{30}{x}$

　比例するもの…(1)

　反比例するもの…(3)

解き方

比例定数を a とすると，比例の関係は $y=ax$ の形，反比例の関係は $y=\dfrac{a}{x}$ の形で表されます。
上の答えの表し方以外でも，意味があっていれば正解です。

②

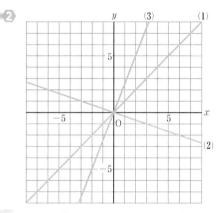

解き方

原点以外のもう1つの点は，x 座標，y 座標がともに整数となる点をとります。
(2)$x=3$ のとき $y=-1$ だから，原点と
　点 $(3,\ -1)$ の2点を結びます。
(3)$x=2$ のとき $y=5$ だから，原点と
　点 $(2,\ 5)$ の2点を結びます。

p.45 ぴたトレ**1**

①
(1)

x(分)	0	1	2	3	4	5
y(ページ)	30	32	34	36	38	40

(2)$y=2x+30$　(3)いえる

解き方

(1)$y=30+(x$ 分間に読んだページ数)
　という関係があります。
(2)$y=30+(x$ 分間に読んだページ数)だから，
　$y=30+2x$　つまり，$y=2x+30$
(3)式が $y=ax+b$ の形で表されるから，一次関数
　であるといえます。

② ㋐，㋒，㋔

解き方

式が $y=ax+b$ の形であるものを選びます。
㋑式が $y=a\div x+b$ の形だから，一次関数ではありません。
㋒比例も，$b=0$ の場合の一次関数です。

---

③ $(1)y=-x+30$，いえる

　$(2)y=\dfrac{30}{x}$，　　　いえない

解き方

(1)$y=30-x$ から，$y=-x+30$
　式の形から，一次関数であるといえます。
(2)$xy=30$ から，$y=\dfrac{30}{x}$
　反比例は，一次関数ではありません。

④ (1)変化の割合　3，　y の増加量　12
(2)変化の割合　-1，y の増加量　-4
(3)変化の割合　$\dfrac{3}{4}$，　y の増加量　3

解き方

一次関数の変化の割合は，$y=ax+b$ の a に等しいです。
また，変化の割合 $=\dfrac{y\text{の増加量}}{x\text{の増加量}}$ から，
y の増加量 $=$ 変化の割合 $\times x$ の増加量
この式で y の増加量を求めます。
(1)y の増加量は，$3\times4=12$
(2)y の増加量は，$(-1)\times4=-4$
(3)y の増加量は，$\dfrac{3}{4}\times4=3$

p.47 ぴたトレ**1**

①

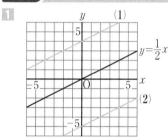

解き方

$y=\dfrac{1}{2}x$ のグラフを上下に平行移動します。
(1)4 だけ上に平行移動します。
(2)5 だけ下に平行移動します。

② $(1)-4$，2　(2)上がり　$(3)-1$，-7

解き方

(1)傾きが等しい直線は平行です。
　また，直線 $y=ax+b$ は y 軸上の点 $(0,\ b)$ を通ります。
(2)直線 $y=ax+b$ は，$a>0$ のとき右上がり，
　$a<0$ のとき右下がりです。

③

$(1)-3\leqq y\leqq6$
$(2)-4\leqq y\leqq2$

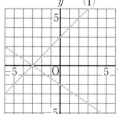

(1)グラフは，傾き 1，切片 3 の直線になります。

よって，点 $(0, 3)$ を通り，右へ 1 進むと，上へ 1 進む直線をひきます。

変域は $x=-6$ のときと $x=3$ のときの y の値を読みとります。

(2)グラフは，傾き $-\dfrac{2}{3}$，切片 -2 の直線になります。

よって，点 $(0, -2)$ を通り，右へ 3 進むと，下へ 2 進む直線をひきます。

変域を $2 \leqq y \leqq -4$ としないように注意しましょう。

p.49　ぴたトレ1

1 ①傾き -1，切片 3，　式 $y=-x+3$

②傾き $\dfrac{1}{3}$，切片 -3，式 $y=\dfrac{1}{3}x-3$

③傾き $\dfrac{3}{2}$，切片 1，　式 $y=\dfrac{3}{2}x+1$

グラフから，傾きと切片を読みとります。

①点 $(0, 3)$ を通るから，切片は 3

右へ 1 進むと，下へ 1 進む。

つまり，右へ 1 進むと，上へ -1 進むから，

傾きは，$\dfrac{-1}{1}=-1$

よって，式は，$y=-x+3$

②点 $(0, -3)$ を通るから，切片は -3

右へ 3 進むと，上へ 1 進むから，傾きは $\dfrac{1}{3}$

よって，式は，$y=\dfrac{1}{3}x-3$

③点 $(0, 1)$ を通るから，切片は 1

右へ 2 進むと，上へ 3 進むから，傾きは $\dfrac{3}{2}$

よって，式は，$y=\dfrac{3}{2}x+1$

2 (1)$y=4x+6$　(2)$y=-\dfrac{3}{2}x+4$

(1)傾きが 4 だから，求める式を $y=4x+b$ とします。

点 $(-1, 2)$ を通るので，$x=-1$，$y=2$ を代入すると，$2=4\times(-1)+b$　　$b=6$

よって，$y=4x+6$

(2)$y=-\dfrac{3}{2}x+b$ に $x=4$，$y=-2$ を代入すると，

$-2=-\dfrac{3}{2}\times4+b$　　$-2=-6+b$　　$b=4$

よって，$y=-\dfrac{3}{2}x+4$

3 (1)$y=\dfrac{1}{2}x+3$　(2)$y=x-1$

(1)2 点 $(-4, 1)$，$(6, 6)$ を通る直線の傾きは，

$\dfrac{6-1}{6-(-4)}=\dfrac{5}{10}=\dfrac{1}{2}$

直線の式を $y=\dfrac{1}{2}x+b$ とすると，点 $(6, 6)$ を通るから，

$6=\dfrac{1}{2}\times6+b$　　$6=3+b$　　$b=3$

よって，$y=\dfrac{1}{2}x+3$

(2)2 点 $(-3, -4)$，$(8, 7)$ を通る直線の傾きは，

$\dfrac{7-(-4)}{8-(-3)}=\dfrac{11}{11}=1$

直線の式を $y=x+b$ とすると，点 $(8, 7)$ を通るから，$7=8+b$　　$b=-1$

よって，$y=x-1$

別解　求める式を $y=ax+b$ とします。

(1)点 $(-4, 1)$ を通るから，$1=-4a+b$　……①

点 $(6, 6)$ を通るから，　$6=6a+b$　……②

①$-$②から，$-5=-10a$　　$a=\dfrac{1}{2}$

これを①に代入すると，$1=-2+b$　　$b=3$

(2)点 $(-3, -4)$ を通るから，$-4=-3a+b$　……①

点 $(8, 7)$ を通るから，　　$7=8a+b$　……②

①$-$②から，$-11=-11a$　　$a=1$

これを①に代入すると，$-4=-3+b$　　$b=-1$

4 (1)$y=\dfrac{2}{3}x+6$　(2)$y=-2x+1$

(1)切片が 6 だから，求める式を $y=ax+6$ とします。

点 $(3, 8)$ を通るので，$x=3$，$y=8$ を代入すると，$8=3a+6$　　$2=3a$　　$a=\dfrac{2}{3}$

よって，$y=\dfrac{2}{3}x+6$

(2)直線 $y=-2x-3$ に平行だから，求める式を $y=-2x+b$ とします。

点 $(-2, 5)$ を通るので，$x=-2$，$y=5$ を代入すると，

$5=-2\times(-2)+b$　　$5=4+b$　　$b=1$

よって，$y=-2x+1$

p.50～51　ぴたトレ2

1 (1)$y=x^2$，　　　いえない

(2)$y=30x$，　　　いえる

(3)$y=-0.2x+10$，いえる

(1)x^2 は x の二次式です。

② (1)$p=0$, $q=-1$, $r=-5$ (2)-15 (3)-5

解き方 (1)傾きが等しい2直線は平行です。

③ (1)⑦ (2)④ (3)⑦

解き方 (1)変化の割合が負の値のものです。

(2)変化の割合が $\dfrac{6}{8}$，すなわち $\dfrac{3}{4}$ のものです。

(3)切片が2のものです。

④

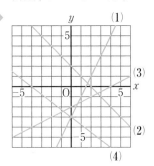

(1)切片 -3，傾き2の直線です。

(2)切片2，傾き -1 の直線です。

(3)切片 -2，傾き $\dfrac{1}{2}$ の直線です。

(4)切片 -3，傾き $-\dfrac{3}{4}$ の直線です。

⑤ ①$y=\dfrac{3}{2}x-4$ ②$y=-\dfrac{3}{4}x+1$

③$y=\dfrac{5}{4}x+\dfrac{21}{4}$ ④$y=-3x-11$

解き方 ①，②グラフから，切片と傾きを読みとります。
③グラフから傾きを読みとります。

傾きは $\dfrac{5}{4}$ だから，式を $y=\dfrac{5}{4}x+b$ とします。

点 $(-1,\ 4)$ を通るから，$x=-1$，$y=4$ を代入すると，

$4=\dfrac{5}{4}\times(-1)+b$ $b=\dfrac{21}{4}$

④傾きは -3 だから，式を $y=-3x+b$ とします。

点 $(-3,\ -2)$ を通るから，$x=-3$，$y=-2$ を代入すると，

$-2=-3\times(-3)+b$ $b=-11$

③，④は，直線上の2点の座標を読みとり，直線の式 $y=ax+b$ に代入し，a，b の連立方程式とみて解く方法もあります。

⑥ (1)$y=-\dfrac{1}{2}x+\dfrac{5}{2}$ (2)$y=\dfrac{4}{5}x-1$

(3)$y=-\dfrac{2}{3}x-1$ (4)$y=3x-5$

解き方 (1)$y=-\dfrac{1}{2}x+b$ に $x=3$，$y=1$ を代入すると，

$1=-\dfrac{1}{2}\times3+b$ $b=\dfrac{5}{2}$

(2)2点 $(5,\ 3)$，$(10,\ 7)$ を通る直線の傾きは，

$\dfrac{7-3}{10-5}=\dfrac{4}{5}$ だから，$y=\dfrac{4}{5}x+b$

点 $(5,\ 3)$ を通るから，$3=\dfrac{4}{5}\times5+b$ $b=-1$

(3)$y=-\dfrac{2}{3}x+b$ に $x=-6$，$y=3$ を代入すると，

$3=-\dfrac{2}{3}\times(-6)+b$ $b=-1$

(4)傾き3，切片 -5 の直線です。

理解のコツ

・一次関数の式とそのグラフをつねに対応させて考えるようにしよう。

・一次関数の式を求める方法は，そのグラフの傾きがわかっているかどうかで区別するとよい。

p.53 ぴたトレ**1**

1 (1)傾き $\dfrac{3}{4}$，切片 -2

(2)傾き -3，切片 $\dfrac{7}{2}$

解き方 方程式を y について解きます。

(1)$3x-4y=8$ $-4y=-3x+8$ $y=\dfrac{3}{4}x-2$

(2)$6x+2y=7$ $2y=-6x+7$ $y=-3x+\dfrac{7}{2}$

2 (1)$y=-3x-2$ (2)$y=\dfrac{2}{3}x-3$

(3)$y=-\dfrac{5}{4}x$

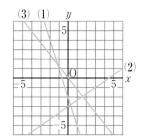

解き方 (1)傾き -3，切片 -2 の直線です。

(2)傾き $\dfrac{2}{3}$，切片 -3 の直線です。

(3)原点を通り，傾き $-\dfrac{5}{4}$ の直線です。

③ (1)例(0, 2), (−4, 0)
　(2)例(0, −3), (−2, 0)

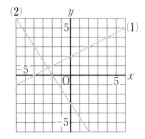

解き方
(1)$x=0$ のとき，$2y=4$　　$y=2$
　　$y=0$ のとき，$-x=4$　　$x=-4$
　　よって，$(0, 2)$, $(-4, 0)$ を通ります。
(2)$x=0$ のとき，$2y+6=0$　　$2y=-6$　　$y=-3$
　　$y=0$ のとき，$3x+6=0$　　$3x=-6$　　$x=-2$
　　よって，$(0, -3)$, $(-2, 0)$ を通ります。

④
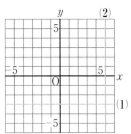

解き方
(1)いつも y の値が -3 だから，点 $(0, -3)$ を通り，
　　x 軸に平行な直線になります。
(2)$x-5=0$ から，$x=5$
　　いつも x の値が 5 だから，点 $(5, 0)$ を通り，
　　y 軸に平行な直線になります。

p.55 　　　　　　　　ぴたトレ1

① (1)$(x, y)=(1, 3)$　(2)$(x, y)=(-2, -3)$

解き方
(1)$\begin{cases} 2x+3y=11 & 直線 \ell の式 \\ 2x-y=-1 & 直線 m の式 \end{cases}$
　　よって，解は，直線 ℓ, m の交点の座標になります。
(2)$\begin{cases} 2x-y=-1 & 直線 m の式 \\ 2x-3y=5 & 直線 n の式 \end{cases}$
　　よって，解は，直線 m, n の交点の座標になります。

② $(x, y)=(3, -1)$

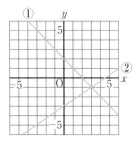

①から，$y=-x+2$　　②から，$y=\dfrac{2}{3}x-3$
解き方
連立方程式の解は，グラフの交点の座標になります。

③ $(5, 6)$

解き方
連立方程式の解がグラフの交点の座標となります。
$y=2x-4$ ……①　　$y=\dfrac{1}{2}x+\dfrac{7}{2}$ ……②
とします。
①を②に代入すると，
$2x-4=\dfrac{1}{2}x+\dfrac{7}{2}$　　$4x-8=x+7$　　$3x=15$
$x=5$
$x=5$ を①に代入すると，$y=10-4=6$
よって，$(5, 6)$

④ (1)$y=2x$　(2)$y=-\dfrac{2}{3}x+4$　(3)$\left(\dfrac{3}{2}, 3\right)$

解き方
(1)原点を通り，傾き 2 の直線です。
(2)傾き $-\dfrac{2}{3}$，切片 4 の直線です。
(3)$y=2x$ ……①　　$y=-\dfrac{2}{3}x+4$ ……②
　　とします。
　　①を②に代入すると，
　　$2x=-\dfrac{2}{3}x+4$　　$6x=-2x+12$　　$8x=12$
　　$x=\dfrac{3}{2}$
　　$x=\dfrac{3}{2}$ を①に代入すると，$y=3$
　　よって，$\left(\dfrac{3}{2}, 3\right)$

p.56〜57 　　　　　　　ぴたトレ2

◆ (1)$y=-3x-4$　(2)$y=\dfrac{1}{2}x+2$　(3)$y=4$

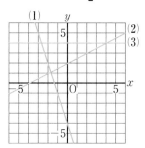

解き方
(1)傾き -3，切片 -4 の直線です。
(2)$2y=x+4$　　$y=\dfrac{1}{2}x+2$
　　傾き $\dfrac{1}{2}$，切片 2 の直線です。
(3)$3y=12$　　$y=4$
　　点 $(0, 4)$ を通り，x 軸に平行な直線です。

② (1)① -5　② 2　(2)① 3　② 6

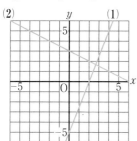

解き方
(1)$x=0$ のとき，$-2y=10$　　$y=-5$
$\quad y=0$ のとき，$5x=10$　　$x=2$
$\quad$ 2点 $(0,\ -5)$，$(2,\ 0)$ を通る直線になります。
(2)$x=0$ のとき，$3y-9=0$　　$3y=9$　　$y=3$
$\quad y=0$ のとき，$\dfrac{3}{2}x-9=0$　　$\dfrac{3}{2}x=9$　　$x=6$
$\quad$ 2点 $(0,\ 3)$，$(6,\ 0)$ を通る直線になります。

③

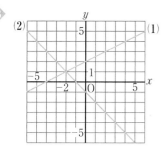

(3)$(x,\ y)=(-2,\ 1)$

解き方
(1)$y=\dfrac{1}{2}x+2$ より，切片 2，傾き $\dfrac{1}{2}$ の直線です。
$\quad$ また，例えば，2点 $(0,\ 2)$，$(-4,\ 0)$ を通る直
$\quad$ 線としてグラフをかくこともできます。
(2)$y=-x-1$
(3)グラフの交点の座標を読みとります。

④ (1)A $(-5,\ -4)$　(2)B $(10,\ -4)$　(3)C $(5,\ 6)$

解き方
$x-y+1=0$　……①　　$2x+y-16=0$　……②
$y+4=0$　　……③ とします。
(1)③から，$y=-4$　……③′
$\quad$③′ を①に代入すると，$x+4+1=0$　　$x=-5$
(2)③′ を②に代入すると，
$\quad 2x-4-16=0$　　$2x=20$　　$x=10$
(3)①+②より，$3x-15=0$　　$3x=15$　　$x=5$
$\quad x=5$ を①に代入すると，$5-y+1=0$　　$y=6$

⑤ (1)$y=-\dfrac{2}{3}x+1$　(2)$a=-\dfrac{2}{3}$　(3)$a=2$，$b=3$

解き方
(1)$y=-\dfrac{1}{2}x+\dfrac{3}{2}$　……①
$\quad y=-2x-3$　　……② とします。
$\quad$①を②に代入すると，
$\quad -\dfrac{1}{2}x+\dfrac{3}{2}=-2x-3$　　$-x+3=-4x-6$
$\quad 3x=-9$　　$x=-3$
$\quad x=-3$ を②に代入すると，
$\quad y=-2\times(-3)-3=3$
$\quad$よって，2直線 $y=-\dfrac{1}{2}x+\dfrac{3}{2}$，$y=-2x-3$ の
$\quad$交点の座標は $(-3,\ 3)$ になります。
$\quad$この交点と点 $(3,\ -1)$ を通る直線の傾きは，
$\quad \dfrac{-1-3}{3-(-3)}=-\dfrac{4}{6}=-\dfrac{2}{3}$ だから，$y=-\dfrac{2}{3}x+b$
$\quad$点 $(3,\ -1)$ を通るから，
$\quad -1=-\dfrac{2}{3}\times3+b$　　$b=1$
(2)x 軸上の交点の座標を $(n,\ 0)$ とします。
$\quad y=3x+1$ に $x=n$，$y=0$ を代入すると，
$\quad 0=3n+1$　　$n=-\dfrac{1}{3}$
$\quad$この点を直線 $y=-2x+a$ が通るので，
$\quad 0=-2\times\left(-\dfrac{1}{3}\right)+a$　　$a=-\dfrac{2}{3}$
(3)それぞれの式に，$x=-1$，$y=1$ を代入すると，
$\quad 1=-a+b$　……①　　$1=2a-b$　……②
$\quad$①+②から，$a=2$
$\quad a=2$ を①に代入すると，$1=-2+b$　　$b=3$

⑥ (1)x 軸との交点 $(a,\ 0)$，y 軸との交点 $(0,\ b)$
(2)$\dfrac{x}{a}+\dfrac{y}{b}=1$ の形で書かれた式では，
$\quad a$ が x 軸との交点の x 座標，
$\quad b$ が y 軸との交点の y 座標を示している。
$\quad$（x 軸との交点，y 軸との交点の順に）
$\quad$㋐$(5,\ 0)$，$(0,\ 3)$　㋑$(2,\ 0)$，$(0,\ -7)$
$\quad$㋒$(-5,\ 0)$，$(0,\ 4)$

解き方
(2)㋒ $\dfrac{x}{a}+\dfrac{y}{b}=1$ の形に変形します。
$\quad$両辺を 20 でわると，$-\dfrac{x}{5}+\dfrac{y}{4}=1$

> **理解のコツ**
> ・連立方程式の解と2直線の交点の座標との関係をしっ
> 　かり理解しよう。
> ・グラフから直線の式を求めるときは，切片や傾き，x
> 　軸，y 軸との交点などを利用しよう。

1 (1)① $y=\dfrac{1}{20}x$ $(0\leqq x\leqq20)$

   ② $y=1$ $(20\leqq x\leqq30)$

   ③ $y=\dfrac{1}{10}x-2$ $(30\leqq x\leqq50)$

(2)

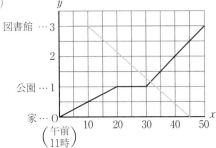

解き方

(1)① $0\leqq x\leqq20$ のときの直線の式を求めます。

点 $(20,\ 1)$ を通る比例のグラフだから，求める式を $y=ax$ として，$x=20$，$y=1$ を代入すると，$1=a\times20$ $a=\dfrac{1}{20}$

よって，式は，$y=\dfrac{1}{20}x$

② $20\leqq x\leqq30$ のときの直線の式を求めると，$y=1$

③ $30\leqq x\leqq50$ のときの直線の式を求めます。

2点 $(30,\ 1)$，$(50,\ 3)$ を通る直線だから，

傾きは，$\dfrac{3-1}{50-30}=\dfrac{2}{20}=\dfrac{1}{10}$

式を $y=\dfrac{1}{10}x+b$ とすると，点 $(30,\ 1)$ を通るから，$1=\dfrac{1}{10}\times30+b$ $1=3+b$

$b=-2$

よって，式は，$y=\dfrac{1}{10}x-2$

(2)2点 $(10,\ 3)$，$(45,\ 0)$ を線分で結びます。

2 (1)① $y=2x$ $(0\leqq x\leqq7)$

   ② $y=14$ $(7\leqq x\leqq11)$

   ③ $y=-2x+36$ $(11\leqq x\leqq18)$

(2)

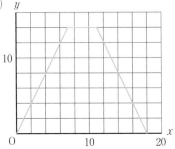

解き方

(1)① $y=\dfrac{1}{2}\times x\times4=2x$

x の変域は，$0\leqq x\leqq7$

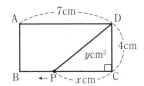

② $y=\dfrac{1}{2}\times4\times7=14$

x の変域は，$7\leqq x\leqq11$

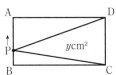

③ $DP=(DA+AB+BC)-x$
$=(7+4+7)-x=18-x\,(cm)$

$y=\dfrac{1}{2}\times(18-x)\times4=-2x+36$

x の変域は，$11\leqq x\leqq18$

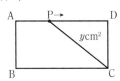

(2)変域に注意して，(1)①〜③のグラフをかきます。

❶ (1)① 2   ② 2000   ③ 500

(2)

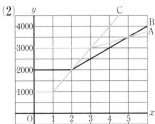

(3)5 時間

解き方

(2)A は，$0\leqq x\leqq3$ のとき，$y=3000$

$x\geqq3$ のとき，$(3,\ 3000)$ を通り，傾き 250 の直線になります。

C は，$0\leqq x\leqq1$ のとき，$y=1000$

$x\geqq1$ のとき，$(1,\ 1000)$ を通り，傾き 1000 の直線になります。

❷ (1)① $y=0.1x$ $(0\leqq x\leqq6)$

    $y=-0.1x+1.2$ $(6\leqq x\leqq7)$

   ② $y=0.25x-1.25$ $(5\leqq x\leqq7)$

(2)午前 10 時 7 分，0.5 km

直線の傾きは分速を表しています。

(1)①A は，$0 \leqq x \leqq 6$ のとき，$y = 0.1x$

$6 \leqq x \leqq 7$ のとき，$(6, 0.6)$ を通り，傾き -0.1 の直線になります。

②B は，$5 \leqq x \leqq 7$ のとき，$(5, 0)$ を通り，傾き 0.25 の直線になります。

(2)グラフの交点の座標を読みとります。

または，連立方程式 $\begin{cases} y = -0.1x + 1.2 \\ y = 0.25x - 1.25 \end{cases}$ を解く方法もあります。

③
(1) 6 cm^2
(2)① $y = -3x + 18$

②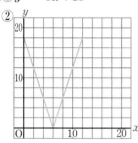

(1)PC $= 6 - 4 = 2$(cm) だから，

$\triangle \text{APC} = \dfrac{1}{2} \times 2 \times 6 = 6 (\text{cm}^2)$

(2)① $y = \dfrac{1}{2} \times (6-x) \times 6 = -3x + 18$

よって，$y = -3x + 18 \quad (0 \leqq x \leqq 6) \quad \cdots\cdots ⑦$

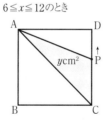

$0 \leqq x \leqq 6$ のとき

$6 \leqq x \leqq 12$ のとき

② $6 \leqq x \leqq 12$ のときは，CP $= (x-6)$ cm だから，

$y = \dfrac{1}{2} \times (x-6) \times 6 = 3x - 18$

よって，$y = 3x - 18 \quad (6 \leqq x \leqq 12) \quad \cdots\cdots ⑦$

変域に注意して，⑦，⑦のグラフをかきます。

④
$y = 5x + 15$，10 分後

2 点 $(0, 15)$，$(3, 30)$ を通る直線の式を $y = ax + 15$ とします。

$x = 3$，$y = 30$ を代入すると，

$30 = 3a + 15 \qquad 15 = 3a \qquad a = 5$

よって，この直線の式は，$y = 5x + 15$

この式に $y = 65$ を代入すると，

$65 = 5x + 15 \qquad 50 = 5x \qquad x = 10$

したがって，65 ℃ になるのは 10 分後。

理解のコツ

・数量関係から一次関数の式をつくるときは，x の変域に注意しよう。x の変域によって式が異なることもある。

・x と y について，どのような関係があるとき，一次関数といえるか，しっかりおさえていこう。

p.62〜63 ぴたトレ3

❶ (1) $-\dfrac{3}{2}$ (2) -6

変化の割合 $= \dfrac{y \text{の増加量}}{x \text{の増加量}}$ から，

y の増加量 $=$ 変化の割合 $\times x$ の増加量

この式で y の増加量を求めます。

(1) x の増加量が 1 だから，$-\dfrac{3}{2} \times 1 = -\dfrac{3}{2}$

(2) x の増加量が 4 だから，$-\dfrac{3}{2} \times 4 = -6$

❷ ① $y = -\dfrac{6}{5}x + 6$ ② $y = \dfrac{1}{4}x + 3$

③ $y = -2x - 4$ ④ $y = -4$

① 傾き $-\dfrac{6}{5}$，切片 6 の直線です。

② 傾き $\dfrac{1}{4}$，切片 3 の直線です。

③ 傾き -2，切片 -4 の直線です。

④ 点 $(0, -4)$ を通り，x 軸に平行な直線です。

❸

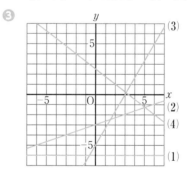

(1) $y = -6$

(2) $-3y = -x + 9 \qquad y = \dfrac{1}{3}x - 3$

(3) $-3y = -5x + 15 \qquad y = \dfrac{5}{3}x - 5$

(4) $4y = -3x + 10 \qquad y = -\dfrac{3}{4}x + \dfrac{5}{2}$

点 $(2, 1)$，$(6, -2)$，$(-2, 4)$ などを通る直線になります。

---

❹ $P\left(\dfrac{9}{7},\ \dfrac{44}{7}\right)$

解き方 ℓ の傾きは $-\dfrac{4}{3}$，切片は 8，m の傾きは 1，切片は 5

だから，ℓ の式は，$y=-\dfrac{4}{3}x+8$ ……①

m の式は，$y=x+5$ ……②

①，②を連立方程式とみて解く。

①を②に代入すると，

$-\dfrac{4}{3}x+8=x+5$ 　　$-4x+24=3x+15$

$-7x=-9$ 　　$x=\dfrac{9}{7}$

$x=\dfrac{9}{7}$ を②に代入すると，$y=\dfrac{9}{7}+5=\dfrac{44}{7}$

よって，$(x,\ y)=\left(\dfrac{9}{7},\ \dfrac{44}{7}\right)$ だから，$P\left(\dfrac{9}{7},\ \dfrac{44}{7}\right)$

❺ (1)$a=\dfrac{5}{3}$ 　(2)$b=3$

解き方 (1)$5x-3y=6$ を y について解くと，

$-3y=-5x+6$ 　　$y=\dfrac{5}{3}x-2$

$ax-y=7$ を y について解くと，$y=ax-7$

平行だから傾きが等しいので，$a=\dfrac{5}{3}$

(2)一次関数 $y=-\dfrac{3}{4}x+b$ のグラフは，右下がりの直線です。

$-4\leqq x\leqq 8$ のとき，$-3\leqq y\leqq 6$ だから，

$x=-4$ のとき $y=6$ になります。

$y=-\dfrac{3}{4}x+b$ に $x=-4$，$y=6$ を代入すると，

$6=-\dfrac{3}{4}\times(-4)+b$ 　　$6=3+b$ 　　$b=3$

❻ (1)

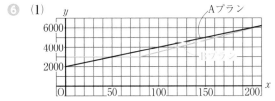

(2)50 分から 200 分まで

解き方 (1)$0\leqq x\leqq 80$ のとき，$y=3000$，$x\geqq 80$ のとき，

(80, 3000)を通り，傾き 25 の直線になります。

(2)A，B プランの交点を求めます。

グラフより，B プランの料金が A プランの料金以下になるのは，50 分から 200 分までです。

別解 式を使って求めることもできます。50 分間の通話をこえると，A プランの料金は 3000 円をこえるので，A プランよりも B プランの方が安くなります。

80 分の通話をこえると，B プランでも通話料がかかるので，A，B プランの料金がふたたび同じ金額になる時間を t 分とすると，

$20t+2000=25(t-80)+3000$

$20t+2000=25t-2000+3000$

$-5t=-1000$ 　　$t=200$

よって，200 分をこえるとふたたび A プランの方が安くなります。

❼ (1)式 $S=2t+5$，変域 $0\leqq t\leqq 5$

(2)$P\left(0,\ \dfrac{15}{4}\right)$

解き方 (1)△ABP の面積は，台形 ABOC の面積から，△APC，△BPO の面積をひいて求めます。

よって，

$S=\dfrac{1}{2}\times(2+6)\times5-\dfrac{1}{2}\times2\times t-\dfrac{1}{2}\times6\times(5-t)$

$=20-t-15+3t=2t+5$

また，点 P は，辺 CO 上を動くので，t の変域は，$0\leqq t\leqq 5$

(2)AB の長さは一定だから，△ABP の周の長さが最小になるのは，AP+PB が最小になるときです。

点 A と y 軸について対称な点を A′ とすると，AP+PB＝A′P+PB だから，点 P が線分 A′B 上にあるとき最小となります。

点 A′，B の座標は，それぞれ，(2, 5)，(−6, 0)で，直線 A′B の傾きは，$\dfrac{0-5}{-6-2}=\dfrac{5}{8}$ だから，

直線 A′B の式は，$y=\dfrac{5}{8}x+b$

点 (2, 5) を通るから，

$5=\dfrac{5}{8}\times2+b$ 　　$b=5-\dfrac{5}{4}=\dfrac{15}{4}$

よって，直線 A′B の式は，$y=\dfrac{5}{8}x+\dfrac{15}{4}$

点 P の y 座標はこの直線の切片だから，

$P\left(0,\ \dfrac{15}{4}\right)$

4章　図形の調べ方

p.65

ぴたトレ0

1. (1)頂点 A と頂点 G，頂点 B と頂点 H，
　　頂点 C と頂点 E，頂点 D と頂点 F
　(2)辺 AB と辺 GH，辺 BC と辺 HE，
　　辺 CD と辺 EF，辺 DA と辺 FG
　(3)∠A と∠G，∠B と∠H，∠C と∠E，
　　∠D と∠F

解き方 四角形 GHEF は四角形 ABCD を 180° 回転移動
した形です。

2. (1)DE＝3 cm，EF＝4 cm，FD＝2 cm
　(2)∠D＝105°，∠F＝47°

解き方 合同な図形では，対応する辺の長さは等しく，
対応する角の大きさも等しくなっています。
∠B＝∠E なので，頂点 B と頂点 E が対応して
いるとわかります。
このことから，対応している辺や角を見つけます。
(1)辺 AB と辺 DE，辺 BC と辺 EF，辺 CA と辺
　FD が対応しています。
(2)∠A と∠D，∠C と∠F が対応しています。

3. (1)∠x＝30°　(2)∠y＝125°

解き方 (1)三角形の 3 つの角の和は 180° だから，
　∠x＝180°－85°－65°＝30°
(2)2 つの角の和は，
　50°＋75°＝125°
　だから，残りの角の大きさは，
　180°－125°＝55°
　一直線の角は 180° だから，
　∠y＝180°－55°＝125°

p.67

ぴたトレ1

1. ∠a＝75°，∠b＝105°

解き方 対頂角は等しいから，∠a＝75°
一直線の角は 180° だから，
75°＋∠b＝180°　　∠b＝180°－75°＝105°

2. ∠a＝60°，∠b＝70°，∠c＝50°，∠d＝70°

解き方 対頂角は等しいから，∠a＝60°
一直線の角は 180° だから，
∠b＝180°－(50°＋60°)
　　＝180°－110°＝70°
対頂角は等しいから，∠c＝50°
対頂角は等しいから，∠d＝∠b＝70°

3. (1)∠e　(2)∠c　(3)∠e　(4)∠b

解き方 図のように直線が交わって，8 つの角ができる
とき，同位角が 4 組，錯角が 2 組あります。

4. (1)△　(2)×　(3)○　(4)×

解き方 (1)∠b と∠h は錯角です。
(2)∠a と∠f はどちらでもない。
(3)∠c と∠g は同位角です。
(4)∠b と∠e はどちらでもない。

p.69

ぴたトレ1

1. ∠a＝78°，∠b＝86°，∠c＝113°

解き方 平行線の同位角は等しいから，∠a＝78°
平行線の錯角は等しいから，　∠b＝86°
平行線の同位角は等しいから，∠c の左の角は 67°
です。
∠c＝180°－67°＝113°

2. $\ell /\!/ p$，$m /\!/ n$

解き方 同位角が 92° で等しいから，$\ell /\!/ p$ です。
錯角が 89° で等しいから，$m /\!/ n$ です。

3. ①b　②錯角　③a

解き方 ∠a＋∠b＝180° と∠a＝∠c から，
∠b＋∠c＝180° がいえます。

4. ∠x＝43°

解き方 ℓ，m に平行な直線をひくと，錯角が等しいか
ら，下の図のようになります。
37°＋∠x＝80°　　∠x＝80°－37°＝43°

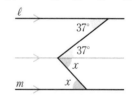

p.71

ぴたトレ1

1. (1)∠x＝62°　(2)∠x＝60°

解き方 (1)∠x＝180°－(78°＋40°)
　　　＝180°－118°＝62°
(2)∠x＝25°＋35°＝60°

2. ①錯角　②ACE　③同位角　④ECD　⑤ACD

解き方 三角形の 1 つの外角は，そのとなりにない 2 つ
の内角の和に等しいことは，この問題のように
補助線をひいて，平行線の同位角と錯角がそれ
ぞれ等しいことを利用して説明します。

3. ∠x＝85°，∠y＝125°

解き方 △DFC で，∠x＝20°＋65°＝85°
△AED で，∠y＝40°＋∠x＝40°＋85°＝125°

4 (1)直角三角形　(2)鋭角三角形　(3)鈍角三角形

解き方
(1)残りの内角は，
　　$180° - (35° + 55°) = 180° - 90° = 90°$
　　1つの内角が直角だから直角三角形です。
(2)残りの内角は，
　　$180° - (40° + 75°) = 180° - 115° = 65°$
　　3つの内角がすべて鋭角だから，鋭角三角形
　　です。
(3)残りの内角は，
　　$180° - (50° + 30°) = 180° - 80° = 100°$
　　1つの内角が鈍角だから，鈍角三角形です。

p.73　ぴたトレ1

1 (1)内角の和　720°，　1つの内角の大きさ　120°
　 (2)内角の和　1800°，　1つの内角の大きさ　150°

解き方
n 角形の内角の和は，$180° \times (n-2)$ で求められます。
(1)内角の和は，
　　$180° \times (6-2) = 180° \times 4 = 720°$
　　1つの内角の大きさは，$720° \div 6 = 120°$
(2)内角の和は，
　　$180° \times (12-2) = 180° \times 10 = 1800°$
　　1つの内角の大きさは，$1800° \div 12 = 150°$

2 (1)十角形　(2)十一角形

解き方
n 角形の内角の和を求める式 $180° \times (n-2)$ を使います。
(1)$180° \times (n-2) = 1440°$　　$n-2 = 8$　　$n = 10$
　　よって，十角形です。
(2)$180° \times (n-2) = 1620°$　　$n-2 = 9$　　$n = 11$
　　よって，十一角形です。

3 (1)72°　(2)40°

解き方
n 角形の外角の和は 360° なので，正 n 角形の1つの外角の大きさは，$360° \div n$ で求められます。
(1)$360° \div 5 = 72°$
(2)$360° \div 9 = 40°$

4 (1)正十五角形　(2)正十角形

解き方
正 n 角形として，外角の和についての方程式をつくります。
(1)$24° \times n = 360°$　　$n = 360° \div 24° = 15$
　　よって，正十五角形です。
(2)$36° \times n = 360°$　　$n = 360° \div 36° = 10$
　　よって，正十角形です。

5 (1)125°　(2)135°

解き方
(1)多角形の外角の和を利用します。
　　$\angle x$ の頂点における外角を $\angle a$ とすると，
　　$\angle a = 360° - (80° + 45° + 70° + 60° + 50°)$
　　　　$= 360° - 305° = 55°$
　　よって，$\angle x = 180° - 55° = 125°$

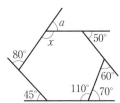

(2)右の図のようにして，三角形の内角・外角の性質を利用します。
　　$65° + 40° = 105°$ から，
　　$\angle x = 105° + 30° = 135°$

p.75　ぴたトレ1

1 △ABC≡△HIG，△DEF≡△LKJ

解き方
△HIG は回転させると△ABC にぴったり重なるから，△ABC≡△HIG です。
また，△LKJ は裏返すと△DEF にぴったり重なるから，△DEF≡△LKJ です。

2 (1)△ABC≡△EFD
　 (2)辺 AC に対応する辺…辺 ED
　　　∠B に対応する角…∠F

解き方
(1)$\angle A = 180° - (65° + 45°) = 70°$
　　A と E，B と F，C と D が対応するから，
　　△ABC≡△EFD です。

3 (1)AD=1.8 cm，EF=1.6 cm
　 (2)∠D=90°，∠G=74°
　 (3)△DAC≡△HEG

解き方
(1)辺 AD と辺 EH が対応するから，
　　AD=EH=1.8 cm
　　辺 EF と辺 AB が対応するから，
　　EF=AB=1.6 cm
(2)∠D と∠H が対応するから，∠D=∠H=90°
　　∠G と∠C が対応するから，∠G=∠C=74°
(3)頂点 D，A，C に対応する頂点は，それぞれ頂点 H，E，G です。

1 ①と②

　1組の辺とその両端の角が，それぞれ等しい。

　④と⑦

　2組の辺とその間の角が，それぞれ等しい。
（1組の辺とその両端の角が，それぞれ等しい。）

①と②については，
①の残りの角が，$180° - (30° + 40°) = 110°$
②の残りの角が，$180° - (30° + 110°) = 40°$ だから，
合同条件は，1組の辺とその両端の角（3 cm，40°，110°）が，それぞれ等しい，となります。

④と⑦については，⑦の残りの角が
$180° - (45° + 45°) = 90°$ だから，
（4 cm，4 cm，90°）とみれば，合同条件は，2組の辺とその間の角が，それぞれ等しい，となります。

また，④の残りの角がどちらも 45° だから，
（4 cm，90°，45°）とみれば，合同条件は，1組の辺とその両端の角が，それぞれ等しい，となります。

2 △AEC≡△BED

2組の辺とその間の角が，それぞれ等しい。

AE＝BE，CE＝DE より，2組の辺がそれぞれ等しい。
線分 AB と CD による対頂角だから，
∠AEC＝∠BED より，2組の辺の間の角も等しい。
よって，合同条件は，2組の辺とその間の角がそれぞれ等しい。

3 (1)いえない　(2)いえる　(3)いえない

(1)下の図のように，辺の長さが等しいとは限らないので，合同であるとはいえません。

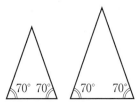

(2)2組の辺とその間の角が，それぞれ等しいので，合同になります。

(3)下の図のように，40° と 70° の内角が，長さが 10 cm の辺の両端の角であるとは限らないので，合同であるとはいえません。

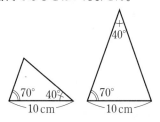

1 (1)∠x＝57°　(2)∠y＝28°

平行な2直線に交わる直線の同位角・錯角の性質や，三角形の内角・外角の性質を使って求めます。

(1)下の図で，$\ell \parallel m \parallel n$ とすると，それぞれ錯角だから，
　∠b_1＝∠a，∠b_2＝∠c
　よって，
　∠x＝∠b_1＋∠b_2
　　　＝∠a＋∠c＝42°＋15°＝57°

(2)∠d＝59°
　∠y＝∠d－31°＝59°－31°＝28°

2 (1)∠x＝70°　(2)∠x＝115°　(3)∠x＝78°

(1)三角形の内角・外角の性質より，
　∠x＋40°＝70°＋40°　　∠x＝70°

(2)下の図で，三角形の内角・外角の性質より，
　∠x＝(25°＋40°)＋50°＝65°＋50°＝115°

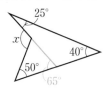

(3)下の図で，四角形の内角の和は360°であること と，三角形の内角・外角の性質より，

$360° - (53° + 107° + 74°) = 126°$

$(23° + \angle x) + 25° = 126°$

$\angle x = 78°$

3 (1)正十五角形　(2)正十二角形

解き方

(1)正 n 角形として，内角の和を考えると，

$180° \times (n - 2) = 156° \times n$

$24° \times n = 360°$　　　$n = 15$

または，外角を考えて，$180° - 156° = 24°$

$360° \div 24° = 15$ と求めることもできます。

(2) n 角形の外角の和は360°だから，

$360° \div 30° = 12$

4 (1)115°　(2)72°

(3) $y = \dfrac{1}{2}x + 90$　$(x = 2y - 180)$

解き方

(1) $\angle ABC + \angle ACB = 180° - 50° = 130°$

だから，$\angle PBC + \angle PCB = 130° \div 2 = 65°$

よって，$\angle BPC = 180° - (\angle PBC + \angle PCB)$

$= 180° - 65° = 115°$

(2) $\angle PBC + \angle PCB = 180° - 126° = 54°$ だから，

$\angle ABC + \angle ACB = 54° \times 2 = 108°$

よって，$\angle A = 180° - (\angle ABC + \angle ACB)$

$= 180° - 108° = 72°$

(3) $\angle PBC + \angle PCB = (180° - x°) \div 2 = 180° - y°$

だから，$y = 180 - \dfrac{180 - x}{2} = 90 + \dfrac{1}{2}x$

5 (1)いえる　(2)いえない　(3)いえない

解き方

(1)3組の辺が，それぞれ等しいので，合同になります。

(2)下の図のように，辺の長さが等しいとは限らないので，合同であるとはいえません。

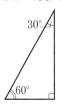

(3)下の図のように，40°の角が7cmの等しい長さの辺の間にあるとは限らないので，合同であるとはいえません。

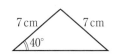

6 (1)2組の辺とその間の角が，それぞれ等しい。

(2)3組の辺が，それぞれ等しい。

解き方

(1)AC＝DC，BC＝EC で，その間の角 ∠C は共通です。

(2)PQ＝SR，PR＝SQ で，QR と RQ は共通です。

7 (1)いえない

(2)2組の辺とその間の角が，それぞれ等しい。

(3)∠B＝∠F のとき，(2)から，

△ABC≡△EFG だから，AC＝EG

△ACD と △EGH で，AC＝EG，CD＝GH

DA＝HE だから，3組の辺が，それぞれ等しいので，△ACD≡△EGH

(4)いえる

解き方

(1)例えば，下の図のようなとき，合同であるとはいえません。

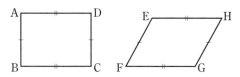

(2)AB＝EF，BC＝FG でその間の角 ∠B と ∠F が等しいです。

(4)(2)，(3)から，△ABC≡△EFG，

△ACD≡△EGH だから，

四角形 ABCD≡四角形 EFGH となります。

理解のコツ

・「対頂角は等しい」，「2つの直線が平行のとき，同位角・錯角は等しい」，「三角形の内角は180°」などをうまく使って考えを進めよう。

・三角形の合同条件では，対応する辺や角に注意しよう。

p.81　　　　　　　　　ぴたトレ1

1 (1)〔仮定〕AB＝BC，BC＝CD

〔結論〕AB＝CD

(2)〔仮定〕2直線が平行である。

〔結論〕同位角は等しい。

解き方

「（ア）ならば，（イ）である」において，（ア）の部分を仮定，（イ）の部分を結論として，あてはめて考えます。

2 (1)〔仮定〕AB∥CD，AO＝DO

〔結論〕BO＝CO

(2)①エ　②イ

解き方

(1)「AB∥CD，AO＝DO ならば，BO＝CO である」とあるので，ならばの前の部分が仮定，うしろの部分が結論になります。

(2)△ABO と △DCO で,

　　仮定から, AO＝DO

　　対頂角は等しいから, ∠AOB＝∠DOC

　　AB∥CD で錯角は等しいから,

　　∠OAB＝∠ODC

　　1組の辺とその両端の角が, それぞれ等しい

　　ので, △ABO≡△DCO

　　合同な図形では, 対応する辺の長さは等しい

　　ので, BO＝CO

3 (1)〔仮定〕ℓ∥m

　　〔結論〕∠a＋∠b＝∠x

　(2)ℓ, CD, 錯角　（CD, ℓ, 錯角）

　(1)「ℓ∥m ならば,

　　　∠a＋∠b＝∠x である」とあるので,

　　　仮定は, ℓ∥m

　　　結論は, ∠a＋∠b＝∠x です。

　(2)平行になる直線を見つけて, 平行線の性質か

　　ら答えます。

p.83　　　　　　　　ぴたトレ1

1 (1)△OBP と △OCQ

　(2)1組の辺とその両端の角が, それぞれ等しい。

　(1)BP, CQ をそれぞれ辺にもつ2つの三角形に

　　着目します。

　(2)仮定より, BO＝CO　……①

　　　対頂角は等しいから,

　　　∠BOP＝∠COQ　……②

　　　平行線の錯角は等しいので, PB∥CQ から,

　　　∠B＝∠C　……③

　　　①, ②, ③から, 「1組の辺とその両端の角が,

　　　それぞれ等しい。」が使えます。

2 ①DEC　②BE　③同位角　④AEB

　⑤2組の辺とその間の角

　⑥対応する角の大きさ

　∠ABE, ∠DEC をそれぞれ角にもつ △ABE と

　△DEC の合同を証明します。

---

p.84〜85　　　　　　　　ぴたトレ2

1 (1)⑦BCD　④BC　⑦CD　⑤BCD

　　⑦三角形の合同条件　（2組の辺とその間の

　　角が, それぞれ等しい）　⑦BCD

　(2)⑦ACD　④BCD　⑦ACD　⑤BCD

　(1)⑦AE＝BD を証明するために, AE, BD をそれ

　　ぞれ辺にもつ2つの三角形 △ACE と △BCD

　　に着目します。

　　④, ⑦, ⑤△ACE と △BCD で, 等しいといえ

　　る辺や角を見つけます。

　　△ABC, △DCE は, 正三角形なので, それ

　　ぞれの3つの辺の長さと3つの内角の大き

　　さは同じです。

　　⑦, ⑦2組の辺とその間の角が, それぞれ等

　　しいので, △ACE≡△BCD です。

　(2)∠ACE＝180°－∠ACB＝180°－60°＝120°

　　∠BCD＝180°－∠DCE＝180°－60°＝120°

　　から, ∠ACE＝∠BCD を導くこともできます。

2 〔仮定〕AO＝CO

　〔結論〕AD＝CB

　〔証明〕⑦COB　④AO　⑦CO　⑤OD

　⑦OB　⑦対頂　④AOD　⑦COB

　⑦2組の辺とその間の角　⑩COB　⑪AD

　⑫CB

　「長さの等しい2つの線分 AB, CD で, AO＝CO

　ならば, AD＝CB である」とあるので,

　仮定は, AB＝CD, AO＝CO

　結論は, AD＝CB です。

　AD＝CB を導くために, AD, CB をそれぞれ辺

　にもつ2つの三角形に着目します。

3 〔仮定〕AB＝DC, ∠ABC＝∠DCB

　〔結論〕∠BAC＝∠CDB

　〔証明〕⑦DCB　④DC　⑦DCB　⑤共通

　⑦CB　⑦2組の辺とその間の角　④DCB

　⑦対応する角の大きさ

　「AB＝DC, ∠ABC＝∠DCB のとき,

　∠BAC＝∠CDB となる」とあるので,

　仮定は, AB＝DC, ∠ABC＝∠DCB

　結論は, ∠BAC＝∠CDB です。

　∠BAC＝∠CDB を導くために, ∠BAC, ∠CDB

　をそれぞれ角にもつ2つの三角形に着目します。

④ 〔仮定〕AB∥CD, ∠AEG=∠FEG,
　　　　∠EFH=∠DFH

〔結論〕GE∥FH

〔証明〕AB∥CD で, 錯角は等しいから,

　∠AEF=∠DFE　……①

　EG は ∠AEF の二等分線だから,

　∠FEG=$\frac{1}{2}$∠AEF　……②

　FH は ∠DFE の二等分線だから,

　∠EFH=$\frac{1}{2}$∠DFE　……③

　①, ②, ③から, ∠FEG=∠EFH

　よって, 錯角が等しいので, GE∥FH

解き方 〔仮定〕この問題では, 仮定の部分を読みとる必要
があります。
読みとった仮定や結論は, 記号を使って整理
します。
「…平行な2直線 AB, CD に…」とあるので,
AB∥CD, また, 「…∠AEF の二等分線を EG,
∠DFE の二等分線を FH とすると, …」とある
ので, ∠AEG=∠FEG, ∠EFH=∠DFH が仮
定になります。
〔結論〕「…とすると, GE∥FH となります。」とあ
るので, GE∥FH が結論です。
〔証明〕2つの直線に1つの直線が交わるとき, 同
位角・錯角が等しいならば, 2つの直線は平行
になることを利用します。

┌─ 理解の **コツ** ─
・合同条件と証明の進め方では, まず仮定と結論を見
分けよう。
・結論を導くには, 何を根拠として使うのかをよく考
えよう。図の見た目だけで証明を進めないように注
意すること。

p.86〜87　　　　　　ぴたトレ**3**

① (1)∠x=37°　(2)∠x=25°　(3)∠x=40°

解き方 (1)点Cを通り, 直線ℓ, m に平行な直線をひくと,
平行線の性質より,
∠x=37°

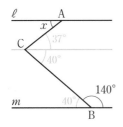

(2)三角形の内角・外角の性質より,
∠x=135°−110°=25°

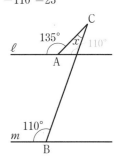

(3)点 C, D, E を通り, 直線ℓ, m に平行な直線
をひくと, 平行線の性質より,
∠x=10°+30°=40°

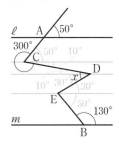

2つの直線が平行ならば, 同位角・錯角はそ
れぞれ等しいという平行線の性質を理解し,
同位角・錯角を自分で見つけて角の大きさを
計算する問題です。
(1), (3)のように, 折れ線がつくる角の大きさ
を問う問題では, 折れ目となる頂点を通り,
直線ℓ, m に平行な直線をひいて考えるのが
ポイントです。

② (1)∠x=50°　(2)∠x=40°

解き方 (1)(∠x+50°)+45°+35°=180°
∠x+130°=180°　　∠x=50°

(2)多角形の外角の和は360°だから,
∠x+(180°−70°)+110°+(180°−80°)=360°
∠x+320°=360°　　∠x=40°

③ 180°

解き方 例えば, A と D を結ぶと,
∠B+∠C=∠BAD+∠CDA となり, 5つの角の
和が, △ADE の内角の和と等しくなります。

④ (1)△ACD　(2)120°

解き方 (1)BC, CE が, それぞれ正三角形 △ABC, △ECD
の1辺になっているので, BC, CE と同じ長さ
の辺をもつ三角形を見つけます。
△BCE と △ACD で,
△ABC と △ECD は, ともに正三角形だから,
BC=AC　……①　　CE=CD　……②

∠ACB＝∠ECD＝60° だから，

∠BCE＝∠ACB＋∠ACE

$\qquad$ ＝∠ECD＋∠ACE

$\qquad$ ＝∠ACD　……③

①，②，③から，2組の辺とその間の角が，

それぞれ等しいので，

△BCE≡△ACD

(2)△BCE≡△ACD を利用して，角の大きさを求

めます。

∠BPD が △ABP の外角であることより，

∠BPD＝∠BAP＋∠ABP　……①

∠BAP＝∠BAC＋∠CAD で，(1)から，

△BCE≡△ACD なので，∠CBE＝∠CAD より，

∠BAP＝∠BAC＋∠CBE　……②

①，②から，

∠BPD＝∠BAC＋∠CBE＋∠ABP

$\qquad$ ＝∠BAC＋∠ABC＝60°＋60°＝120°

⑤ 105°

解き方

∠BEG＝∠GED＝∠x，∠BFG＝∠GFD＝∠y と

します。

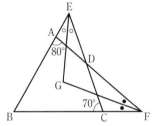

△EBC で，

∠B＝180°－70°－2∠x

$\qquad$ ＝110°－2∠x

△ABF で，

2∠y＝180°－80°－∠B

$\qquad$ ＝180°－80°－(110°－2∠x)

$\qquad$ ＝2∠x－10°

よって，∠y＝∠x－5°

線分 EG の延長と線分 BF の交点を H とします。

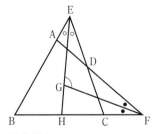

△GHF の外角だから，

∠EGF＝∠GHF＋∠y＝(∠x＋∠B)＋∠y

$\qquad$ ＝∠x＋(110°－2∠x)＋(∠x－5°)

$\qquad$ ＝105°

⑥ (1)〔仮定〕△ABC は正三角形，AD＝CE

$\qquad$ 〔結論〕CD＝BE

(2)△ACD と △CBE

(3)2組の辺とその間の角が，それぞれ等しい。

解き方

(1)〔仮定〕に，「△ABC は正三角形」を入れるのを

$\qquad$ 忘れないようにしましょう。

(2)CD，BE をそれぞれ辺にもつ2つの三角形に

$\qquad$ 着目します。

(3)△ACD と △CBE で，

$\qquad$ 仮定より，AD＝CE　……①

$\qquad$ △ABC は正三角形だから，

$\qquad$ AC＝CB　……②

$\qquad$ ∠CAD＝∠BCE＝60°　……③

$\qquad$ ①，②，③から，2組の辺とその間の角が，

$\qquad$ それぞれ等しいので，

$\qquad$ △ACD≡△CBE

⑦ ㋐AFD　㋑CB　㋒CBE

㋓2組の辺とその間の角が，それぞれ等しい

㋔BCE　㋕AFD

解き方

四角形 ABCD は正方形だから，

AB＝CB

また，BD は正方形の対角線だから，

∠ABE＝∠CBE となります。

5章　図形の性質と証明

ぴたトレ0

① (1)二等辺三角形，等しい

(2)正三角形，3つ

解き方　同じような意味のことばが書かれていれば正解です。

② ⑦と㋓

　2組の辺とその間の角が，それぞれ等しい。

㋑と㋖

　1組の辺とその両端の角が，それぞれ等しい。

㋒と㋔

　3組の辺が，それぞれ等しい。

解き方　㋖は，残りの角の大きさを求めると，㋑と合同であるとわかります。

ぴたトレ1

1 (1)∠B＝30°，∠C＝75°

(2)∠B＝50°，∠C＝50°

解き方　(1)二等辺三角形の2つの底角は等しいから，

$$∠C＝∠A＝75°$$
$$∠B＝180°－75°×2＝30°$$

(2)∠B＝∠C＝(180°－80°)÷2＝50°

2 (1)∠x＝50°　(2)∠x＝86°

解き方　(1)∠C＝∠B＝180°－115°＝65°

$$∠x＝115°－65°＝50°$$

別解

$$∠B＝180°－115°＝65°$$

∠B＝∠C だから，∠x＝180°－65°×2＝50°

(2)∠C＝∠B＝43° だから，

$$∠x＝43°×2＝86°$$

3 ①2組の辺とその間の角　②ACP　③BP

④APC　⑤APB　⑥90

解き方　AP⊥BC であることは，次のように，
∠APB＝90° であることを示します。

∠APB＝∠APC

∠APB＋∠APC＝180° から，

2∠APB＝180°

したがって，∠APB＝90° となります。

ぴたトレ1

1 (1)△ABCと△DEFで，△ABC≡△DEFならば

AB＝DE，AC＝DF，∠A＝∠D

(2)△ABCで，AB＝ACならば，∠B＝∠C

解き方　「pならば，q」の逆は，「qならば，p」です。pとqの部分を入れかえてつくります。

(1)「△ABC と △DEF で，」はそのままにしておきます。

(2)「△ABC で，」はそのままにしておきます。

2 (1)$ab>0$ ならば，$a>0$，$b>0$

正しくない

(反例)$a＝－1$，$b＝－1$

(2)ある多角形で，その多角形が八角形ならば，内角の和は1080° である。正しい

解き方　仮定にあてはまるが，結論が成り立たない場合の例を反例といいます。

(1)例えば，$a＝－1$，$b＝－1$ のとき，仮定 $ab>0$ にあてはまりますが，結論 $a>0$，$b>0$ は成り立ちません。

(2)八角形の内角の和は，180°×(8－2)＝1080° なので，逆は正しいといえます。

3 ①CAD　②CA　③CAD　④CAD

解き方　AE＝CD を導くために，AE，CD をそれぞれ辺にもつ，△ABE と △CAD の合同を利用します。

ぴたトレ1

1 ⑦と㋒

直角三角形の斜辺と1つの鋭角が，それぞれ等しい。

（1組の辺とその両端の角が，それぞれ等しい。）

㋑と㋔

1組の辺とその両端の角が，それぞれ等しい。

㋓と㋕

直角三角形の斜辺と他の1辺が，それぞれ等しい。

解き方　直角三角形の合同条件は，

❶斜辺と1つの鋭角が，それぞれ等しい。

❷斜辺と他の1辺が，それぞれ等しい。

です。

㋑と㋔は，斜辺が等しいかどうかわからないので，三角形の合同条件で考えます。

2 △ABC と △DBE で,

仮定より, ∠ACB＝∠DEB＝90° ……①

AB＝DB ……②

共通な角だから, ∠ABC＝∠DBE ……③

①, ②, ③から, 直角三角形の斜辺と1つの鋭角が, それぞれ等しいので, △ABC≡△DBE

直角三角形の合同を証明する問題では, 斜辺が等しいことがわかれば, 直角三角形の合同条件が使えるかどうかを考えます。

3 △ABE と △DBE で,

仮定より, ∠BAE＝∠BDE＝90° ……①

AB＝DB ……②

BE は共通だから, BE＝BE ……③

①, ②, ③から, 直角三角形の斜辺と他の1辺が, それぞれ等しいので, △ABE≡△DBE

合同な図形では, 対応する辺は等しいので,

AE＝DE

AE＝DE であることを導くために, AE, DE をそれぞれ辺にもつ △ABE と △DBE の合同を証明します。

直角三角形の斜辺が共通で等しいから, 直角三角形の合同条件が使えます。

p.96～97 ぴたトレ2

1 (1)$2x°$ $\left(\dfrac{180°-x°}{2}, 180°-3x°\right)$ (2)$5x°$ (3)36

(1)△ABC は二等辺三角形だから,

∠BCD＝∠ABC＝$2x°$

また, △BCD も二等辺三角形だから,

∠BDC＝∠BCD＝$2x°$

別解 △BCD の頂角が $x°$ だから, 底角を求めて∠BDC＝$\dfrac{180°-x°}{2}$ としてもよい。

また, △BCD の内角の和に着目し,

∠BDC＝$180°-(x°+2x°)=180°-3x°$

としてもよい。

(2)$x°+2x°+2x°=5x°$

(3)$5x°=180°$ より, $x°=36°$

∠BAC＝∠BDC－∠ABD＝$2x°-x°=x°$

2 ∠BAC＝90° の直角三角形

(理由)△ABO で, AO＝BO だから,

∠OAB＝∠B

△AOC で, 同じようにして, ∠OAC＝∠C

∠BAC＋∠B＋∠C＝180° だから,

∠BAC＋∠B＋∠C

＝∠BAC＋∠OAB＋∠OAC

＝∠BAC＋∠BAC＝180°

よって, ∠BAC＝180°÷2＝90°

AO＝BO＝CO なので, △ABO は OA＝OB の二等辺三角形で, △AOC は OA＝OC の二等辺三角形です。

別解 右の図で,

∠OAB＝∠OBA＝∠x

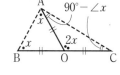

とすると, 三角形の内角・外角の性質より,

∠AOC＝$2∠x$

△OAC が二等辺三角形であることと, 三角形の内角の和は 180° であることより,

∠OAC＝∠OCA＝$(180°-2∠x)÷2=90°-∠x$

よって, ∠BAC＝$∠x+(90°-∠x)=90°$

この問題のように, 角の大きさがわからないときは, 同じ大きさの角を文字でおきかえたり, 印をつけたりするとわかりやすくなることがあります。

3 〔仮定〕AB＝AC, AM＝MB, AN＝NC

〔結論〕CM＝BN

〔証明〕△MBC と △NCB で,

等しい辺の半分だから, MB＝NC ……①

二等辺三角形の底角だから,

∠MBC＝∠NCB ……②

BC は共通だから, BC＝CB ……③

①, ②, ③から, 2組の辺とその間の角が, それぞれ等しいので, △MBC≡△NCB

合同な図形では, 対応する辺は等しいので,

CM＝BN

二等辺三角形であることから, 2つの辺が等しい, また, 2つの角が等しいことを利用します。

仮定は, 「AB, AC の中点をそれぞれ, M, N とするとき」を, 記号を使って表します。

CM＝BN を導くために, CM, BN をそれぞれ辺にもつ2つの三角形に着目します。

別解 △AMC と △ANB で,

仮定より, AC＝AB ……①

等しい辺の半分だから, AM＝AN ……②

共通な角だから, ∠MAC＝∠NAB ……③

①, ②, ③から, 2組の辺とその間の角が, それぞれ等しいので, △AMC≡△ANB

合同な図形では, 対応する辺は等しいので,

CM＝BN

4 △EBD は直角三角形だから，

∠AEF＝∠BED＝90°−∠EBD

△ABF も直角三角形だから，

∠AFE＝90°−∠ABF

∠EBD＝∠ABF だから，

∠AEF＝∠AFE

よって，2つの角が等しいので，△AEF は二等辺三角形である。

三角形が二等辺三角形であることを証明するために，2つの角が等しいことを導きます。
△EBD，△ABF は，直角三角形であることと，∠EBD＝∠ABF であることから，∠BED＝∠AFE がわかります。
また，対頂角は等しいので，∠BED＝∠AEF です。

5 (1)$a^2 > b^2$ ならば，$a > b$

正しくない

（反例）$a = -2$，$b = -1$

(2)△ABC と △DEF で，

AB＝DE，BC＝EF，∠A＝∠D ならば，

△ABC≡△DEF

正しくない

（反例）

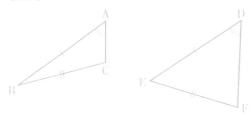

(3)五角形 ABCDE で，

∠C＋∠E＝180° ならば，

∠A＋∠B＋∠D＝360°

正しい

(1)例えば，$a^2 = 4 = (-2)^2$，$b^2 = 1 = (-1)^2$ のように，$a < b$ となる場合もあるので，正しくありません。

(2)2組の辺とその間にない角が，それぞれ等しくても，合同にならない場合もあるので，正しくありません。

(3)五角形の内角の和は，$180° \times (5-2) = 540°$ なので，逆は正しいといえます。

6 △ABD と △ACE で，

仮定より，

AB＝AC ……①　　AD＝AE ……②

∠BAC＝∠DAE ……③

∠BAD＝∠BAC−∠CAD ……④

∠CAE＝∠DAE−∠CAD ……⑤

③，④，⑤から，∠BAD＝∠CAE ……⑥

①，②，⑥から，2組の辺とその間の角が，それぞれ等しいので，△ABD≡△ACE

合同な図形では，対応する辺は等しいので，

BD＝CE

BD＝CE を導くために，BD，CE をそれぞれ辺にもつ2つの三角形 △ABD と △ACE に着目します。
仮定より，2組の辺が等しいことはすぐにわかりますが，③，④，⑤のようにして⑥を導けるかどうかがポイントです。

7 (1)∠BAD＝180°−∠BAC−∠EAC

＝90°−∠EAC

∠ACE＝180°−∠AEC−∠EAC

＝90°−∠EAC

よって，∠BAD＝∠ACE

(2)△ABD と △CAE で，

仮定より，

AB＝CA ……①

∠ADB＝∠CEA＝90° ……②

(1)から，∠BAD＝∠ACE ……③

①，②，③から，直角三角形の斜辺と1つの鋭角が，それぞれ等しいので，

△ABD≡△CAE

(3)(2)の △ABD≡△CAE から，BD＝AE，AD＝CE

よって，DE＝AE＋AD＝BD＋CE

(1)∠BAD は，一直線がつくる角の大きさが180°であること，∠ACE は，三角形の内角の和が180°であることから考えます。

(2)直角三角形の合同条件で，(1)を利用します。

(3)(2)より，合同な図形では，対応する辺が等しいことを利用します。

理解のコツ

・合同な三角形を正しく選び出すことができれば，半分以上わかったも同然。

・あとはどの合同条件を使って証明するかがたいせつ。等しい角や線分に印をつけるとよい。

ぴたトレ1

1 (1)$x=4$, $y=7$ (2)$\angle a=100°$, $\angle b=80°$

解き方 (1)$x=9-5=4$, $y=12-5=7$
(2)$\angle a=\angle BAD=180°-80°=100°$
四角形 GHCD は平行四辺形だから,
$\angle b=\angle GDC=80°$

2 ①ABF （ABE） ②CBF ③CFB
④二等辺 （②と③は順不同可）

解き方 BC＝CF を導くために，△CBF が二等辺三角形であることを証明します。
△CBF が二等辺三角形であることを証明するためには，2つの角が等しいことを導きます。

3 △AED と △CFB で，
仮定より，DE＝BF ……①
平行四辺形の向かいあう辺は等しいので，
AD＝CB ……②
AD∥BC から，平行線の錯角は等しいので，
$\angle ADE=\angle CBF$ ……③
①，②，③から，2組の辺とその間の角が，
それぞれ等しいので，△AED≡△CFB
合同な図形では，対応する辺は等しいので，
AE＝CF

解き方 AE＝CF を導くために，AE，CF をそれぞれ辺にもつ2つの三角形 △AED と △CFB に着目します。
2つの直線が平行ならば，錯角は等しいことを利用します。

ぴたトレ1

1 ⑦，⑨

解き方 次の平行四辺形になるための条件にあてはまるものを選びます。
❶2組の向かいあう辺が，それぞれ平行である。
❷2組の向かいあう辺が，それぞれ等しい。
❸2組の向かいあう角が，それぞれ等しい。
❹対角線が，それぞれの中点で交わる。
❺1組の向かいあう辺が，等しくて平行である。
⑦対角線が，それぞれの中点で交わるので，
四角形 ABCD は平行四辺形です。

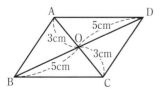

---

⑨平行四辺形になるための条件のどれにもあてはまりません。よって，四角形 ABCD は平行四辺形であるとはいえません。

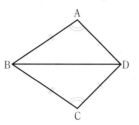

⑨AD＝BC ……①
$\angle BAD+\angle ABC=180°$ ……②
下の図のように $\angle a$ をとると，
$\angle BAD+\angle a=180°$ ……③
②，③から，$\angle ABC=\angle a$
同位角が等しいから，AD∥BC ……④
①，④から，1組の向かいあう辺が，等しくて平行なので，四角形 ABCD は平行四辺形です。

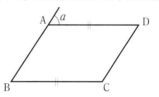

2 ①C ②AS ③2組の辺とその間の角
④RQ ⑤PQ
⑥2組の向かいあう辺が，それぞれ等しい

解き方 △APS≡△CRQ から，PS＝RQ を示し，
△BQP≡△DSR から，PQ＝RS を示します。
2組の向かいあう辺が，それぞれ等しいので，
四角形 PQRS は平行四辺形です。

3 △ABM と △ECM で，
仮定より，BM＝CM ……①
対頂角は等しいから，
$\angle AMB=\angle EMC$ ……②
AB∥DE から，平行線の錯角は等しいので，
$\angle ABM=\angle ECM$ ……③
①，②，③から，1組の辺とその両端の角が，
それぞれ等しいので，△ABM≡△ECM
合同な図形では，対応する辺は等しいので，
AM＝EM ……④
①，④から，対角線が，それぞれの中点で交わるので，四角形 ABEC は平行四辺形である。

解き方 △ABM≡△ECM より，AM＝EM を示します。
BM＝CM，AM＝EM より，対角線が，それぞれの中点で交わるので，四角形 ABEC は平行四辺形です。

ぴたトレ1

1 (1)長方形 (2)ひし形 (3)長方形 (4)正方形

解き方

(1)平行四辺形の向かいあう角は等しいので,
　∠C＝90°
　四角形の内角の和は360°だから,
　∠B＋∠D＝180°
　平行四辺形の向かいあう角は等しいので,
　∠B＝∠D＝90°
　4つの角がすべて等しくなるので長方形にな
　ります。

(2)∠COD＝90°から, 対角線が垂直に交わるので,
　ひし形になります。

(3)AC＝BD から, 対角線の長さが等しくなるので,
　長方形になります。

(4)AC⊥BD, AO＝BO から, 対角線が, 長さが等
　しく, 垂直に交わるので, 正方形になります。
　四角形の対角線の性質は忘れがちなので,
　きちんと覚えておきましょう。
　①長方形の対角線は, 長さが等しい。
　②ひし形の対角線は, 垂直に交わる。
　③正方形の対角線は, 長さが等しく, 垂直に交
　　わる。

2 △ABC と △DCB で,

解き方

　正方形の4つの辺, 4つの角はすべて等しいの
　で,
　AB＝DC　……①
　∠ABC＝∠DCB＝90°　……②
　BC は共通だから, BC＝CB　……③
　①, ②, ③から, 2組の辺とその間の角が,
　それぞれ等しいので, △ABC≡△DCB
　合同な図形では, 対応する辺の長さは等しいの
　で, AC＝DB

　AC＝DB を導くために, AC, DB をそれぞれ辺
　にもつ, △ABC と △DCB の合同を証明します。
　正方形の対角線の長さが等しいことの証明です。

3 △AEH と △BEF で,

解き方

　仮定より, ∠A＝∠B＝90°　……①
　AE＝BE　……②
　AD＝BC だから, AH＝BF　……③
　①, ②, ③から, 2組の辺とその間の角が,
　それぞれ等しいので, △AEH≡△BEF　……④
　同じようにして, 　△AEH≡△CGF　……⑤
　　　　　　　　　　△AEH≡△DGH　……⑥
　④, ⑤, ⑥から,
　△AEH≡△BEF≡△CGF≡△DGH

合同な図形では, 対応する辺は等しいので,
EH＝EF＝GF＝GH
4つの辺がすべて等しいので, 四角形 EFGH は
ひし形である。

解き方

四角形がひし形であることを証明するために,
4つの辺がすべて等しいことを証明します。
EH＝EF＝GF＝GH を導くために, 4つの辺をそ
れぞれ辺にもつ三角形 △AEH, △BEF, △CGF,
△DGH に着目します。
長方形における平行四辺形の性質においては,
2組の向かいあう辺は, それぞれ等しい
(AD＝BC, AB＝DC)を利用します。

ぴたトレ1

1 △DFC, △AEC, △AED

解き方

AD∥BC から, △AFC＝△DFC　……①
EF∥AC から, △AFC＝△AEC　……②
AB∥DC から, △AEC＝△AED　……③
②, ③から, △AFC＝△AED　……④
①, ②, ④から, △AFC と面積が等しい三角形
は, △DFC, △AEC, △AED

2
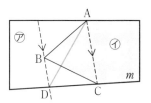

解き方

点 B を通り線分 AC に平行な直線と, 直線 m の
交点を D とします。このとき, △ABC＝△ADC
となり, ④と同じ面積の土地ができます。

3 PQ＝SR, PS＝QR から, 2組の向かいあう辺
が, それぞれ等しいので, 四角形 PQRS は平
行四辺形である。
平行四辺形の2組の向かいあう角は, それぞれ
等しいので, いつも ∠SPQ＝∠QRS である。

解き方

四角形 PQRS が平行四辺形になることを示して
から, 平行四辺形の性質を使います。

ぴたトレ2

❶ (1) 4 cm　(2) 72°　(3) 126°　(4) 3 cm

(1) AB∥EF, AD∥GH, AD∥BC から,
四角形 GBFI は平行四辺形です。
よって, FI＝BG＝6－2＝4(cm)

(2) 四角形 GBCH は平行四辺形だから,
∠CHG＝∠B＝72°

(3) ∠BCE＝(180°－72°)÷2＝54°
AD∥BC から, ∠DEC＝∠BCE＝54°
∠AEC＝180°－∠DEC＝180°－54°＝126°
または, ∠AEC＝∠AEF＋∠FEC
＝∠B＋∠DCE
＝72°＋(180°－72°)÷2
＝72°＋54°＝126°
と計算することもできます。

(4) ∠DEC＝∠BCE＝∠DCE から,
△DEC は二等辺三角形です。
よって, DE＝DC＝AB＝6 cm だから,
AE＝AD－DE＝9－6＝3(cm)
△DEC が二等辺三角形になることがポイント
です。

❷ (1) △ABE と △CDF で,
平行四辺形の向かいあう辺だから,
AB＝CD ……①　　また, AE＝CF ……②
AB∥DC から, ∠BAE＝∠DCF ……③
①, ②, ③から, 2 組の辺とその間の角が,
それぞれ等しいので, △ABE≡△CDF
合同な図形では, 対応する辺は等しいので,
EB＝FD ……④
同じようにして, △BCF≡△DAE
よって, BF＝DE ……⑤
④, ⑤から, 2 組の向かいあう辺が, それぞ
れ等しいので, 四角形 EBFD は平行四辺形
である。

(2) 平行四辺形の対角線は, それぞれの中点で交
わるから, AO＝CO ……①
BO＝DO ……②
また, AE＝CF ……③
①, ③から, EO＝FO ……④
②, ④から, 対角線が, それぞれの中点で交
わるので, 四角形 EBFD は平行四辺形であ
る。

(1) EB＝FD を導くために, EB, FD をそれぞれ辺
にもつ 2 つの三角形 △ABE と △CDF が合同で
あることを証明します。
同じようにして, BF＝DE を導くために, BF,
DE をそれぞれ辺にもつ 2 つの三角形 △BCF
と △DAE が合同であることを証明します。
2 組の辺が, それぞれ等しいことはわかるので,
その間の角も等しくならないか調べます。

(2) 四角形 EBFD で, BO＝DO, EO＝FO であるこ
とを証明します。
EO＝AO－AE
FO＝CO－CF
より, 簡単に導けます。

❸ AD∥BC, AB∥DC から, 四角形 ABCD は平行
四辺形である。
△ABE と △ADF で,
幅の等しいテープだから,
AE＝AF ……①
∠AEB＝∠AFD＝90° ……②
平行四辺形の向かいあう角だから,
∠ABE＝∠ADF ……③
②, ③から, ∠BAE＝∠DAF ……④
①, ②, ④から, 1 組の辺とその両端の角が,
それぞれ等しいので,
△ABE≡△ADF
合同な図形では, 対応する辺は等しいので,
AB＝AD
平行四辺形の向かいあう辺は等しいから,
AB＝DC, AD＝BC
したがって, AB＝BC＝CD＝DA
4 つの辺がすべて等しいので, 四角形 ABCD
はひし形である。

四角形 ABCD がひし形であることを証明するた
めに, 4 つの辺がすべて等しいことを導きます。
四角形 ABCD は, 平行四辺形なので, 向かいあ
う辺は等しくなります。
あとは, となりあう辺が等しいことを導くために,
△ABE と △ADF が合同であることを証明します。
△ABE と △ADF は直角三角形ですが, 斜辺が
等しいかどうかがわからないので, 三角形の合
同条件を使って証明します。

④ AB∥DC から，∠ABC+∠BCD＝180°

BH，CH は，それぞれ ∠ABC，∠BCD の二等分線だから，

$$\angle HBC+\angle HCB=\frac{1}{2}(\angle ABC+\angle BCD)$$
$$=\frac{1}{2}\times180°=90°$$

よって，△HBC で，

∠BHC＝180°－(∠HBC+∠HCB)＝180°－90°
＝90°　つまり，∠EHG＝90°

同じようにして，

∠AEB＝∠AFD＝∠DGC＝90° だから，

∠EHG＝∠HEF＝∠EFG＝∠FGH＝90°

したがって，4つの角がすべて等しいので，
四角形 EFGH は長方形である。

解き方 四角形 EFGH が長方形であることを証明するために，四角形 EFGH の 4 つの角がすべて等しいことを導きます。

ここでは，平行四辺形のとなりあう角の和が 180° なので，∠HBC+∠HCB＝90° となり，三角形の内角の和が 180° であることから，∠BHC＝180°－90°＝90° となることを導いています。

同じようにして，∠AEB＝180°－90°＝90° で，∠HEF は ∠AEB の対頂角なので，∠HEF＝90° となります。

⑤ (1)四角形 ADCF で，AE＝CE，DE＝FE

対角線が，それぞれの中点で交わるので，
四角形 ADCF は平行四辺形である。

よって，AD＝FC ……①　　AD∥FC ……②

四角形 DBCF で，

①と AD＝DB から，DB＝FC ……③

②から，DB∥FC ……④

③，④から，1組の向かいあう辺が，等しくて平行なので，四角形 DBCF は平行四辺形である。

(2)∠ACB＝90° の直角三角形

解き方 (1)この問題では，四角形 DBCF が平行四辺形であることを証明するために，まず，四角形 ADCF が平行四辺形であることを証明しています。

四角形 ADCF が平行四辺形であることが証明できれば，AD∥FC，AD＝FC で，これと，AD＝DB より，平行四辺形になる条件「1 組の向かいあう辺が，等しくて平行であるとき」が使えます。

(2)四角形 ADCF がひし形になるのは，対角線が，それぞれの中点で交わるので，AC⊥DF のときです。

(1)より，四角形 DBCF は平行四辺形だから，DF∥BC

よって，AC⊥BC のとき，つまり，△ABC が ∠ACB＝90° の直角三角形のときです。

⑥

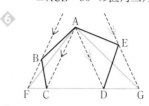

解き方 五角形 ABCDE で，対角線 AC，AD をひいて，五角形 ABCDE を 3 つの三角形に分けることができるかどうかがポイントです。

あとは，△ABC と △AFC の面積が等しくなるような点 F と，△ADE と △ADG の面積が等しくなるような点 G を，それぞれとればよいことになります。

△ABC と △AFC は，底辺 AC を共有しているので，AC∥BF となるような点 F をとれば，高さも等しくなり，面積は等しくなります。

同じようにして，△ADE と △ADG は，底辺 AD を共有しているので，AD∥EG となるような点 G をとれば，高さも等しくなり，面積は等しくなります。

⑦ A と F，C と E をそれぞれ結ぶ。

AD∥BC から，△ABE＝△ACE ……①

AB∥DC から，△BCF＝△ACF ……②

AC∥EF から，△ACE＝△ACF ……③

①，②，③から，△ABE＝△BCF

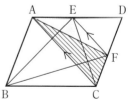

解き方 AD∥BC から，△ABE と △ACE は，底辺 AE を共有し，高さが等しくなるので面積は等しくなります。

同じようにして AB∥DC から，△BCF と △ACF は，底辺 CF を共有し，高さが等しくなるので面積は等しくなります。

ここで，AC∥EF から，△ACE と △ACF についても，底辺 AC を共有し，高さが等しくなるので，面積が等しくなることに気づけるかどうかがポイントです。

- 図形の証明では、三角形の合同を使うものが多いので、等しい辺や角に印をつけよう。
- 平行四辺形になる条件❶～❺は、いつでも使えるようにしよう。

① $\angle x = 15°$

$\angle x + 45° = \angle C$、$\angle C = 60°$ より、
$\angle x = 60° - 45° = 15°$

平行線の錯角の性質と、
正三角形の3つの内角
はすべて等しいことを
使って解くやさしい問
題です。

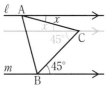

図のように、頂点Cを通り、ℓ，m に平行な直線をひくとわかりやすくなります。

② $\triangle BPH$ と $\triangle BQA$ で、
$\angle BHP = \angle BAQ = 90°$ ……①
$\triangle BPQ$ は直角二等辺三角形だから、
$BP = BQ$ ……②
$\angle PBH = 90° - \angle HBQ$、$\angle QBA = 90° - \angle HBQ$
だから、$\angle PBH = \angle QBA$ ……③
①、②、③から、直角三角形の斜辺と1つの鋭角が、それぞれ等しいので、$\triangle BPH \equiv \triangle BQA$

$\triangle BPH$ と $\triangle BQA$ は、ともに直角三角形で、仮定より、$BP = BQ$ で、斜辺が等しいので、直角三角形の合同条件を使って証明します。
$\angle PBH$ と $\angle QBA$ がどちらも、$90° - \angle HBQ$ で等しくなるということがポイントになります。

③ $50°$

下の図のようになります。

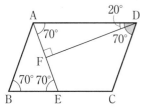

すでにわかっている角の大きさや、あらたにわかった角の大きさを図に書きこむようにするとよいでしょう。
平行四辺形で、1つの内角がわかれば、平行四辺形の向かいあう角は等しいので、他の3つの内角もすべてわかります。
また、$\triangle ABE$ は、二等辺三角形なので、残りの角もわかります。

これらより、$\angle FAD = 70°$ であることがわかれば、$\angle CDF$ も次のように求められます。
$\angle FDA = 90° - \angle FAD$
$\quad\quad\quad = 90° - 70° = 20°$
$\angle CDF = \angle CDA - \angle FDA$
$\quad\quad\quad = 70° - 20° = 50°$

④ $\square ABCD$ で、平行四辺形の向かいあう辺は等しいので、$AB = DC$ ……①
仮定より、$AE = \dfrac{1}{2}AB$、$GC = \dfrac{1}{2}DC$ ……②
①、②から、$AE = GC$ ……③
また、平行四辺形の向かいあう辺は平行なので、$AB \parallel DC$
よって、$AE \parallel GC$ ……④
③、④から、1組の向かいあう辺が、等しくて平行なので、四角形 AECG は平行四辺形である。
よって、$PS \parallel QR$ ……⑤
同じようにして、$PQ \parallel SR$ ……⑥
⑤、⑥から、2組の向かいあう辺が、それぞれ平行なので、四角形 PQRS は平行四辺形である。

平行四辺形になる条件のうち、「2組の向かいあう辺が、それぞれ平行であるとき」を使って証明します。
$PS \parallel QR$ を導くために、PS、QR をふくむ四角形 AECG に着目し、四角形 AECG が平行四辺形であることを証明します。
$PQ \parallel SR$ も同じようにして導きます。

⑤ $\triangle CDF$ と $\triangle ABE$ で、平行四辺形の向かいあう辺は等しいので、$CD = AB$ ……①
$\angle CFD = \angle AEB = 90°$ ……②
$AB \parallel CD$ だから、$\angle CDF = \angle ABE$ ……③
①、②、③から、直角三角形の斜辺と1つの鋭角が、それぞれ等しいので、$\triangle CDF \equiv \triangle ABE$
合同な図形では、対応する辺は等しいので、
$DF = BE$ ……④
$\triangle AFD$ と $\triangle CEB$ で、平行四辺形の向かいあう辺は等しいので、$AD = CB$ ……⑤
$AD \parallel BC$ だから、$\angle ADF = \angle CBE$ ……⑥
④、⑤、⑥から、2組の辺とその間の角が、それぞれ等しいので、$\triangle AFD \equiv \triangle CEB$

解き方 平行四辺形の性質を利用した証明問題です。
△AFD と △CEB で，仮定より，AD＝CB，平行線の錯角は等しいので，∠ADF＝∠CBE がわかっています。
あとは，DF＝BE か，∠DAF＝∠BCE のどちらかを導くことができれば，三角形の合同条件が使えます。
ここでは，DF と BE をそれぞれ辺にもつ2つの直角三角形 △CDF と △ABE に着目し，それらの直角三角形が合同であることを証明することによって，DF＝BE を導きます。
DF＝BE を導くために，先に △CDF≡△ABE を証明しているところがポイントです。

⑥ (1)長方形
(2)△ABC と △DCB で，
　仮定より，AC＝DB　……①
　平行四辺形の向かいあう辺は等しいので，
　AB＝DC　……②
　共通な辺だから，BC＝CB　……③
　①，②，③から，3組の辺が，それぞれ等しいので，△ABC≡△DCB
　よって，∠ABC＝∠DCB となり，平行四辺形の2組の向かいあう角が，それぞれ等しいこととあわせると，
　∠ABC＝∠BCD＝∠CDA＝∠DAB となる。
　したがって，4つの角がすべて等しいので，平行四辺形 ABCD は長方形である。

解き方 (1)長方形は平行四辺形の特別なもので，長方形の対角線は長さが等しくなります。
(2)長方形になると予想できると思いますが，これを証明するには何をいえばよいかわからなければなりません。
長方形の定義は，4つの角が等しい四角形ですが，平行四辺形の向かいあう角は等しいので，となりあう角が等しいことをいえば十分です。
先を見通して証明することを心がけましょう。

⑦ 18 cm²

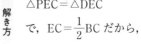

解き方 △PEC＝△DEC
で，EC＝$\frac{1}{2}$BC だから，
$$△DEC＝\frac{1}{2}△DBC$$
$$＝\frac{1}{2}×\frac{1}{2}□ABCD$$
$$＝\frac{1}{2}×\frac{1}{2}×72＝18（cm^2）$$
△PEC と △DEC は，底辺と高さが共通なので，面積は等しくなります。
また，△DBC と △DEC は，高さは共通ですが，△DEC の底辺 EC は △DBC の底辺 BC の $\frac{1}{2}$ になるので，△DEC の面積は，△DBC の面積の $\frac{1}{2}$ になります。

⑧

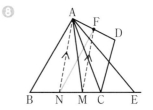

解き方 四角形 ABCD と △ABE の面積が等しいことを利用します。
BE の中点を M とすると，
$$△ABM＝\frac{1}{2}△ABE＝\frac{1}{2}四角形 ABCD$$
ここで，点 F を通り，四角形 ABCD の面積を2等分する直線がかけたとして，その直線と BC との交点を N とします。
このとき，点 N の決め方を考えると，
$△ABM＝\frac{1}{2}$四角形 ABCD より，△ABM と，四角形 ABNF の面積が等しくなるように点 N を決めればよいことになります。
四角形 ABNF＝△ABN＋△ANF
△ABM＝△ABN＋△ANM
よって，△ANF＝△ANM となるように点 N をとります。
△ANF と △ANM で，AN を共通の底辺と考えると，高さも等しくなるのは，AN∥FM のときになります。
四角形 ABCD と △ABE の面積が等しいことを利用して，面積が △ABE の面積の $\frac{1}{2}$ になる △ABM を作図することがポイントです。
また，問題を逆向きに見て，求める直線がかけたとして考えてみることがたいせつです。

6章　場合の数と確率

p.111 **ぴたトレ0**

1 **6通り**

解き方

ぶどうを⒡，ももを⒨，りんごを⒭，みかんを⒧で表し，下のような図や表にかいて考えます。

ぶどうともも，ももとぶどうは同じ組み合わせであることに注意しましょう。
図や表から，選び方は，

　⒡と⒨，⒡と⒭，⒡と⒧，⒨と⒭，
　⒨と⒧，⒭と⒧
の6通りであるとわかります。

2 **12通り**

解き方

下のような図にかいて考えます。

十の位　一の位

$$
\begin{array}{l}
1 < \begin{array}{l} 3 \\ 5 \\ 7 \end{array} \\[2pt]
3 < \begin{array}{l} 1 \\ 5 \\ 7 \end{array} \\[2pt]
5 < \begin{array}{l} 1 \\ 3 \\ 7 \end{array} \\[2pt]
7 < \begin{array}{l} 1 \\ 3 \\ 5 \end{array}
\end{array}
$$

図から，2けたの整数は，

　13，15，17，31，35，37，51，53，57，
　71，73，75
の12通りであるとわかります。

---

p.113 **ぴたトレ1**

1 (1)$\dfrac{4}{9}$　(2)$\dfrac{1}{3}$　(3)$\dfrac{2}{3}$

解き方

玉の取り出し方は，全部で9通り。
どの玉の取り出し方も，同様に確からしいといえます。
(1)赤玉が出る場合は，4通り。
　　求める確率は $\dfrac{4}{9}$
(2)青玉が出る場合は3通り。
　　求める確率は，$\dfrac{3}{9}=\dfrac{1}{3}$
(3)赤玉と白玉はあわせて6個あるので，赤玉または白玉が出る場合は6通り。
　　求める確率は，$\dfrac{6}{9}=\dfrac{2}{3}$

2 (1)1　(2)$\dfrac{1}{3}$　(3)0

解き方

さいころの目の出かたは，全部で6通り。
どの目が出ることも同様に確からしいといえます。
(1)かならず1，2，3，4，5，6のいずれかの目が出ます。求める確率は1
　　別解　1，2，3，4，5，6のいずれかの目が出る場合は6通り。
　　求める確率は，$\dfrac{6}{6}=1$
(2)3または6の目が出る場合は2通り。
　　求める確率は，$\dfrac{2}{6}=\dfrac{1}{3}$
(3)0以下の目が出ることはありません。
　　求める確率は0
　　別解　0以下の目が出る場合は0通り。
　　求める確率は，$\dfrac{0}{6}=0$

---

p.115 **ぴたトレ1**

1 (1)8通り　(2)$\dfrac{1}{8}$

解き方

(1)表を○，裏を×で表すと，3枚の硬貨の表裏の出かたは全部で8通り。

(2)3枚とも表になる出かたは，
　(A，B，C)＝(○，○，○)の1通り。
　求める確率は $\dfrac{1}{8}$

② (1) $\dfrac{1}{6}$　(2) $\dfrac{5}{6}$

解き方

(1) 2つのさいころをA，Bで表すと，目の出かた
は全部で，6×6＝36（通り）

A\B	1	2	3	4	5	6
1						○
2					○	
3				○		
4			○			
5		○				
6	○					

出る目の数の和が7になる場合は，
(A, B)＝(1, 6)，(2, 5)，(3, 4)，(4, 3)，
(5, 2)，(6, 1) の6通り。

求める確率は，$\dfrac{6}{36}=\dfrac{1}{6}$

(2) 1から(1)の確率をひいて求めます。

$1-\dfrac{1}{6}=\dfrac{5}{6}$

③ (1) $\dfrac{2}{5}$　(2) $\dfrac{3}{5}$

解き方

(1) 2枚のカードの取り出し方は全部で，
{1, 2}，{1, 3}，{1, 4}，{1, 5}，{2, 3}，
{2, 4}，{2, 5}，{3, 4}，{3, 5}，{4, 5}
の10通り。

1が出る場合は，{1, 2}，{1, 3}，{1, 4}，
{1, 5} の4通り。

求める確率は，$\dfrac{4}{10}=\dfrac{2}{5}$

(2) 2が出る確率も1と同様に $\dfrac{2}{5}$ だから，2が出

ない確率は，$1-\dfrac{2}{5}=\dfrac{3}{5}$

④ (1) $\dfrac{3}{5}$　(2) どちらもあたりやすさは，同じである。

解き方

(1) あたりを①，②，③，はずれを④，⑤で表す
と，くじのひき方は全部で，4×5＝20（通り）

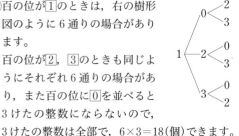

Bがあたりをひく場合は12通り。

求める確率は，$\dfrac{12}{20}=\dfrac{3}{5}$

(2) 上の樹形図からAがあたりをひく場合も12通
りだから，Aがあたりをひく確率も，

$\dfrac{12}{20}=\dfrac{3}{5}$

よって，A，Bのどちらもあたりやすさは，同
じであるといえます。

別解 Aがあたりをひく確率は，5通りのうち

の3通りをひく確率なので，すぐに $\dfrac{3}{5}$ と求め

ることもできます。

p.116～117　　ぴたトレ**2**

① 10通り

解き方

2人の選び方は全部で10通り。

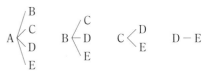

例えば，A－BとB－Aは，同じ選び方であるこ
とに注意します。

② 12通り

解き方

4人のすわり方は全部で24通り。

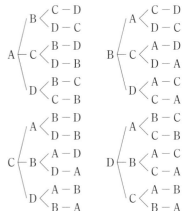

BさんとCさんがとなりあうすわり方は，

A－B－C－D	A－C－B－D
A－D－B－C	A－D－C－B
B－C－A－D	B－C－D－A
C－B－A－D	C－B－D－A
D－A－B－C	D－A－C－B
D－B－C－A	D－C－B－A

の12通り。

③ (1) 18個　(2) $\dfrac{1}{3}$

解き方

(1) 百の位が①のときは，右の樹形
図のように6通りの場合があり
ます。
百の位が②，③のときも同じよ
うにそれぞれ6通りの場合があ
り，また百の位に⓪を並べると
3けたの整数にならないので，
3けたの整数は全部で，6×3＝18（個）できます。

このように，百の位が①の場合だけを樹形図にかいて，6×3通りで全部の場合の数を求めることもできます。

(2) 5の倍数となるのは，一の位が0となる整数です。

このような3けたの整数は，

{120, 130, 210, 230, 310, 320}の6個。

求める確率は，$\dfrac{6}{18}=\dfrac{1}{3}$

4 (1)$\dfrac{1}{7}$　(2)$\dfrac{2}{7}$　(3)$\dfrac{5}{7}$

あたりを①，②，③，はずれを④，⑤，⑥，⑦とすると，2本のくじのひき方は，

{①，②}，{①，③}，{①，④}，{①，⑤}，
{①，⑥}，{①，⑦}，{②，③}，{②，④}，
{②，⑤}，{②，⑥}，{②，⑦}，{③，④}，
{③，⑤}，{③，⑥}，{③，⑦}，{④，⑤}，
{④，⑥}，{④，⑦}，{⑤，⑥}，{⑤，⑦}，
{⑥，⑦}の21通り。

(1) 2本ともあたりである場合は，

{①，②}，{①，③}，{②，③}の3通り。

求める確率は，$\dfrac{3}{21}=\dfrac{1}{7}$

(2) 2本ともはずれである場合は，

{④，⑤}，{④，⑥}，{④，⑦}，{⑤，⑥}，
{⑤，⑦}，{⑥，⑦}の6通り。

求める確率は，$\dfrac{6}{21}=\dfrac{2}{7}$

(3) 2本ともあたりである場合は3通り。

1本だけあたりである場合は，

{①，④}，{①，⑤}，{①，⑥}，{①，⑦}，
{②，④}，{②，⑤}，{②，⑥}，{②，⑦}，
{③，④}，{③，⑤}，{③，⑥}，{③，⑦}
の12通り。

よって，少なくとも1本があたりである場合は，3＋12＝15(通り)

求める確率は，$\dfrac{15}{21}=\dfrac{5}{7}$

別解 「2本ともはずれ」とならない確率だから，1から(2)の値をひいて求めることもできます。

$1-\dfrac{2}{7}=\dfrac{5}{7}$

5 (1)$\dfrac{1}{9}$　(2)$\dfrac{1}{9}$　(3)$\dfrac{1}{2}$

解き方

2つのさいころをA，Bとします。

2つのさいころの目の出かたは，全部で，

6×6＝36(通り)

(1)出た目の数の和が5になる場合は，

(A，B)＝(1，4)，(2，3)，(3，2)，(4，1)
の4通り。

求める確率は，$\dfrac{4}{36}=\dfrac{1}{9}$

(2)出た目の数の差が4になる場合は，

(A，B)＝(1，5)，(2，6)，(5，1)，(6，2)
の4通り。

求める確率は，$\dfrac{4}{36}=\dfrac{1}{9}$

(3)奇数と偶数の目が1つずつ出る場合は，

(A，B)＝(1，2)，(1，4)，(1，6)，(2，1)，
(2，3)，(2，5)，(3，2)，(3，4)，(3，6)，
(4，1)，(4，3)，(4，5)，(5，2)，(5，4)，
(5，6)，(6，1)，(6，3)，(6，5)の18通り。

求める確率は，$\dfrac{18}{36}=\dfrac{1}{2}$

6 (1)$\dfrac{1}{8}$　(2)$\dfrac{7}{8}$　(3)$\dfrac{1}{2}$

解き方

表を○，裏を×として樹形図に表すと，右の図のようになり，全部で8通り。

(1)3枚とも表が出る場合は，右の樹形図より1通り。

求める確率は$\dfrac{1}{8}$

(2)少なくとも1枚は表が出る場合は，上の樹形図より7通り。求める確率は$\dfrac{7}{8}$

(3)表が出た金額の合計は次のようになります。

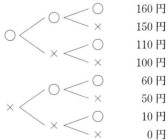

表が出た金額が100円以上になるのは4通り。

求める確率は，$\dfrac{4}{8}=\dfrac{1}{2}$

◆ (1) $\dfrac{1}{6}$　(2) $\dfrac{1}{3}$

解き方 取り出し方は全部で6通り。

A	a	a	b	b	c	c
B	b	c	a	c	a	b
C	c	b	c	a	b	a

(1) 3人とも，最初に持っていた玉と同じ玉を取り出す場合は，(A, B, C)＝(a, b, c) の1通り。

求める確率は $\dfrac{1}{6}$

(2) 3人とも，最初に持っていた玉と異なる玉を取り出す場合は，

(A, B, C)＝(b, c, a)，(c, a, b) の2通り。

求める確率は，$\dfrac{2}{6}=\dfrac{1}{3}$

理解のコツ

・確率を求める問題では，全部で何通りあるかを見きわめることがたいせつです。もれのないように，表や樹形図をかこう。

・2つのさいころを同時に投げる問題はよく出る。

起こる場合の数は，$6×6=36$（通り）

---

p.118～119　ぴたトレ3

❶ (1) 15通り　(2) 20通り　(3) 10通り

解き方 (1) 6人をA，B，C，D，E，Fとします。

2人の選び方は全部で，

{A, B}，{A, C}，{A, D}，{A, E}，{A, F}，

{B, C}，{B, D}，{B, E}，{B, F}，{C, D}，

{C, E}，{C, F}，{D, E}，{D, F}，{E, F}

の15通り。

(2) 5人をA，B，C，D，Eとします。

リーダーと副リーダーの選び方は全部で20通り。

リーダー　副リーダー

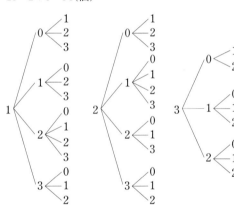

(3) 5人をA，B，C，D，Eとします。

3人の選び方は，

{A, B, C}，{A, B, D}，{A, B, E}，

{A, C, D}，{A, C, E}，{A, D, E}，

{B, C, D}，{B, C, E}，{B, D, E}，

{C, D, E} の10通り。

❷ (1) $\dfrac{1}{4}$　(2) $\dfrac{1}{2}$　(3) $\dfrac{2}{13}$　(4) $\dfrac{6}{13}$

解き方 (1) ハートの札は13枚あります。

求める確率は，$\dfrac{13}{52}=\dfrac{1}{4}$

---

(2) ハートかダイヤの札は，$13×2=26$（枚）

求める確率は，$\dfrac{26}{52}=\dfrac{1}{2}$

(3) 1から13までの札に5の倍数は5，10の2枚あり，これが4種類のマークそれぞれにあるので，全部で，$2×4=8$（枚）

求める確率は，$\dfrac{8}{52}=\dfrac{2}{13}$

(4) スペード以外の3種類のマークそれぞれに8枚ずつあるので，全部で，$8×3=24$（枚）

求める確率は，$\dfrac{24}{52}=\dfrac{6}{13}$

起こるすべての場合の数と，あることがらの起こる場合の数を正確に求められるようにしておきましょう。

❸ (1) 34個　(2) $\dfrac{1}{3}$　(3) $\dfrac{13}{30}$

解き方 (1) 次の樹形図のように，百の位が$\boxed{1}$，$\boxed{2}$のときは13通りの場合があり，百の位が$\boxed{3}$のときは8通りの場合があります。

よって，3けたの整数は全部で，

$13×2+8=34$（個）

(2)，(3) 2枚の1を$\boxed{1}$，$①$，2枚の2を$\boxed{2}$，$②$とします。

(2) 2枚のカードの組の取り出し方は，

{$\boxed{0}$, $\boxed{1}$}，{$\boxed{0}$, $①$}，{$\boxed{0}$, $\boxed{2}$}，{$\boxed{0}$, $②$}，

{$\boxed{0}$, $\boxed{3}$}，

{$\boxed{1}$, $①$}，{$\boxed{1}$, $\boxed{2}$}，{$\boxed{1}$, $②$}，{$\boxed{1}$, $\boxed{3}$}，

{$①$, $\boxed{2}$}，{$①$, $②$}，{$①$, $\boxed{3}$}，

{$\boxed{2}$, $②$}，{$\boxed{2}$, $\boxed{3}$}，{$②$, $\boxed{3}$} の15通り。

このうち，2つの数の和が4以上になるのは，

{$\boxed{1}$, $\boxed{3}$}，{$①$, $\boxed{3}$}，{$\boxed{2}$, $②$}，{$\boxed{2}$, $\boxed{3}$}，

{$②$, $\boxed{3}$} の5通り。

求める確率は，$\dfrac{5}{15}=\dfrac{1}{3}$

(3) 2回のカードの取り出し方は，下の樹形図から30通り。

1回目 2回目
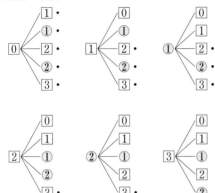

2回目のカードの数が1回目のカードの数より大きくなるのは，・をつけた13通り。

求める確率は $\dfrac{13}{30}$

(1) $\dfrac{1}{2}$　(2) $\dfrac{2}{9}$

すべての場合は，6×6＝36（通り）あります。
(1)出る目の数の和が偶数になるのは，
　2つのさいころをA，Bとすると，
　(A，B)＝(1，1)，(1，3)，(1，5)，(2，2)，
　(2，4)，(2，6)，(3，1)，(3，3)，(3，5)，
　(4，2)，(4，4)，(4，6)，(5，1)，(5，3)，
　(5，5)，(6，2)，(6，4)，(6，6)
　の18通り。

　求める確率は，$\dfrac{18}{36}=\dfrac{1}{2}$

(2)出る目の数の積が20以上になるのは，
　(A，B)＝(4，5)，(4，6)，(5，4)，(5，5)，
　(5，6)，(6，4)，(6，5)，(6，6)
　の8通り。

　求める確率は，$\dfrac{8}{36}=\dfrac{2}{9}$

表をかいて，あることがらの起こる場合の数を数えるようにすると，ミスが少なくなります。

❺ (1) $\dfrac{2}{9}$　(2) $\dfrac{5}{9}$

解き方 赤玉を①，②，③，④，白玉を⑤，⑥とします。
玉の取り出し方は全部で36通り。

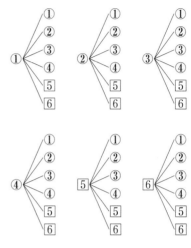

(1)赤，白の順に玉が出る場合は8通り。
　求める確率は，$\dfrac{8}{36}=\dfrac{2}{9}$
(2)少なくとも1個は白玉が出る場合は20通り。
　求める確率は，$\dfrac{20}{36}=\dfrac{5}{9}$

❻ $\dfrac{1}{5}$

解き方 男子をⒶ，Ⓑ，女子をC，D，E，Fとします。
3人の選び方は全部で20通り。

```
      ┌ C
   Ⓑ ┤ D
      ├ E
      └ F
         ┌ D
      ┌ C┤ E
      │  └ F
   Ⓐ ┤     ┌ D            ┌ E
      │ Ⓑ ┤ C ┤ E      C ┤ D ┤ E
      │  D┤ E   └ F        └ F
      │   └ F   ┌ E        └ E ─ F
      └ D ┤ E   └ F  
          └ F   E ─ F   D ─ E ─ F
          E ─ F
```

3人とも女子が選ばれる場合は4通り。
求める確率は，$\dfrac{4}{20}=\dfrac{1}{5}$

p.121 ぴたトレ0

❶ (1)20 分　(2)90 分　(3)70 分　(4)35 分

解き方
(3)最大値−最小値だから，90−20＝70（分）
(4)データの個数が 10 だから，小さい方から 5 番目
　と 6 番目の値の平均をとります。
　(30＋40)÷2＝35（分）

❷ (1)⑦　(2)⑦　(3)⑦

解き方
(1)全体と部分の割合や部分と部分の割合をくら
　べるには，⑦の円グラフがよいです。
(2)変化の様子を表すには，⑦の折れ線グラフが
　よいです。
(3)散らばりの様子を表すには，⑦のヒストグラ
　ムがよいです。

p.123 ぴたトレ1

1 (1)13 分　(2)20 分　(3)25 分

解き方
データの個数が 13 で奇数だから，中央値（第 2
四分位数）は，小さい方から，$\frac{13+1}{2}=7$（番目）
の値です。
よって，データの値を，中央値 20 分を境に，
前半部分と後半部分に分けます。

5, 8, 12, |14, 17, 18, ⑳, 21, 24, 25, |25, 27, 32
　　　　　↑　　　　　　↑　　　　　　↑
　　　第 1 四分位数　第 2 四分位数　第 3 四分位数
　　　　　　　　　　（中央値）

(1)第 1 四分位数は，$\frac{12+14}{2}=13$（分）
(2)第 2 四分位数は中央値のことで，20 分です。
(3)第 3 四分位数は，$\frac{25+25}{2}=25$（分）

2 (1)最小値　4 分
　　第 1 四分位数　9 分
　　第 2 四分位数　12 分
　　第 3 四分位数　18 分
　　最大値　24 分

(2)
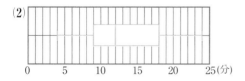

解き方
(1)データの個数が 14 で偶数だから，中央値（第
2 四分位数）は，小さい方から，$\frac{14}{2}=7$（番目）
と 8 番目の値の平均です。

4, 6, 7, ⑨, 10, 10, 11, |13, 15, 15, ⑱, 20, 23, 24
　　　　↑　　　　　　　　　　↑
　第 1 四分位数　　第 2 四分位数　第 3 四分位数
　　　　　　　　　（中央値）

第 1 四分位数は 9 分です。
第 2 四分位数は，$\frac{11+13}{2}=12$（分）
第 3 四分位数は 18 分です。

(2)最小値 4 分，第 1 四分位数 9 分，第 2 四分位
数 12 分，第 3 四分位数 18 分，最大値 24 分を
かき込みます。

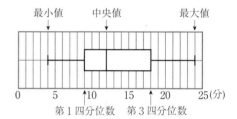

3 (1)8 冊　(2)よい

解き方
(1)箱ひげ図から，第 1 四分位数は 7 冊，第 3 四
分位数は 15 冊です。
四分位範囲＝第 3 四分位数−第 1 四分位数
だから，15−7＝8（冊）
(2)箱ひげ図では，次のように，それぞれの区間
にふくまれるデータの個数はおよそ 25 ％ に
なっています。

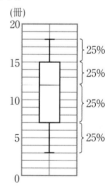

① (1)最小値　28 g
　　最大値　47 g
　(2)第 1 四分位数　30 g
　　第 2 四分位数　34 g
　　第 3 四分位数　38 g
　(3)範囲　19 g
　　四分位範囲　8 g

(4)
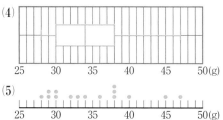

(5)

(6)データの中に極端に離れた値があると，範囲
　は影響を受けるが，四分位範囲は影響をほと
　んど受けない。

(1)データの値を小さい順に並べると，次のよう
　になります。
　28, 29, 29, 30, 30, 32, 33, 34, 36, 38,
　38, 38, 40, 45, 47
　よって，最小値は 28 g，最大値は 47 g です。

(2)データの個数が 15 で奇数だから，中央値は，
　小さい方から，$\dfrac{15+1}{2} = 8$（番目）の値です。

　よって，データの値を，中央値 34 g を境に，
　前半部分と後半部分に分けます。

第 1 四分位数　　　　　第 2 四分位数（中央値）
28, 29, 29, ㉚, 30, 32, 33, ㉞,
36, 38, 38, ㊳, 40, 45, 47
　　　　第 3 四分位数

　第 1 四分位数は 30 g，第 2 四分位数は 34 g,
　第 3 四分位数は 38 g です。

(3)範囲＝最大値－最小値だから，範囲は，
　47－28＝19（g）
　四分位範囲＝第 3 四分位数－第 1 四分位数
　だから，四分位範囲は，38－30＝8（g）

(4)最小値 28 g，第 1 四分位数 30 g，第 2 四分位
　数 34 g，第 3 四分位数 38 g，最大値 47 g を，
　順にかき込みます。

(6)データの中の 45 g や 47 g は，ほかのデータの
　値に比べて，極端に離れた値です。
　範囲は，最大値－最小値で求めるので，これ
　らの値に影響を受けます。

しかし，四分位範囲は，
第 3 四分位数－第 1 四分位数で求めるので，
影響をほとんど受けません。

② (1)第 1 四分位数　　40 分
　　第 2 四分位数　　70 分
　　第 3 四分位数　120 分
　(2)80 分　(3)16 番目と 17 番目

(1)次のように読みとれます。

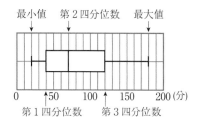

(2)120－40＝80（分）
(3)データの個数が 32 で偶数だから，第 2 四分位
　数は，小さい方から，$\dfrac{32}{2} = 16$（番目）と 17 番
　目の値の平均です。

③ (1)このデータからはわからない
　(2)正しい　(3)正しくない　(4)正しい

(1)箱ひげ図からは，ふつう，平均値を読みとる
　ことはできません。
　15 点であるのは，A 組の中央値です。

(2)データの個数が 35 だから，中央値は，小さい
　方から，$\dfrac{35+1}{2} = 18$（番目）の値です。

　A 組の中央値は 15 点，B 組の中央値は 11 点
　だから，どちらの組も 11 点以上の人が半分以
　上（18 人以上）います。

(3)中央値が 18 番目の値だから，第 1 四分位数は，
　1 番目から 17 番目までの値の中央値です。

　つまり，その値は，$\dfrac{17+1}{2} = 9$（番目）の値です。

　B 組の第 1 四分位数は 7 点で，9 番目の人が 7
　点ということだから，6 点以下の人は多くて
　も 8 人です。

(4)範囲は，
　　A 組　20－6＝14（点）
　　B 組　18－3＝15（点）
　四分位範囲は，
　　A 組　17－10＝7（点）
　　B 組　16－7＝9（点）
　範囲も四分位範囲も B 組の方が大きいです。

❶ (1)最小値 78 個

最大値 98 個

(2)小さい方から 8 番目と 9 番目の個数の平均を
求めればよい。

(3)小さい方から 12 番目と 13 番目の個数の平均
を求めればよい。

(4)第 1 四分位数 82 個

第 2 四分位数 87 個

第 3 四分位数 95.5 個

(5)範囲 20 個

四分位範囲 13.5 個

(6)

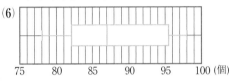

(1)データの値を小さい順に並べると，次のよう
になります。

78, 79, 80, 82, 82, 84, 85, 86, 88, 88,

93, 95, 96, 97, 97, 98

よって，最小値は 78 個，最大値は 98 個です。

(2)データの個数が 16 だから，中央値は，小さい
方から，$\dfrac{16}{2}=8$（番目）と 9 番目の値の平均で
す。

(3)データの値を，中央値を境に，前半部分と後半
部分に分けると，次のようになります。

第1四分位数　　第2四分位数(中央値)
↓　　　　　　↓
78, 79, 80, 82, | 82, 84, 85, 86, |

88, 88, 93, 95, | 96, 97, 97, 98
↑
第3四分位数

この図から，第 3 四分位数は，小さい方から
12 番目と 13 番目の値の平均であることがわ
かります。

(4)(3)の図から，第 1 四分位数は 82 個，第 2 四分
位数は，$\dfrac{86+88}{2}=87$（個），第 3 四分位数は，

$\dfrac{95+96}{2}=95.5$（個）となります。

(5)範囲は，$98-78=20$（個）

四分位範囲は，$95.5-82=13.5$（個）

(6)最小値 78 個，第 1 四分位数 82 個，

第 2 四分位数 87 個，第 3 四分位数 95.5 個，

最大値 98 個を，順にかき込みます。

❷ (1)A さん 6 点，B さん 6 点

(2)A さん 3 点，B さん 4 点

(3)A さん 8 点，B さん 7 点

(4)いえない

〔理由〕中央値が 6 点だから，最小得点から
6 番目の得点は 6 点である。

5 点以下となるのは，最大でも 5 番目以下の
5 回となるから。

(1)箱の中の縦線が中央値を表しています。

(2)それぞれの第 1 四分位数と第 3 四分位数は，

A さんが 5 点と 8 点，B さんが 3 点と 7 点です。

四分位範囲

A さん　$8-5=3$（点）

B さん　$7-3=4$（点）

(3)最小値・最大値

A さん　最小値 1 点，最大値 9 点

B さん　最小値 2 点，最大値 9 点

範囲

A さん　$9-1=8$（点）

B さん　$9-2=7$（点）

❸ (1)⑦　(2)⑦　(3)④

ヒストグラムのデータの集まり具合を見ると，

(1)と(3)では階級の低い方に多く集まっており，

(2)では逆になっています。

したがって，(2)の中央値は，(1)や(3)より値が大
きくなると考えられるから，(2)に対応するのは
⑦です。

また，箱ひげ図では，箱の中に約 50 ％ のデー
タがはいるから，(3)のヒストグラムのようにデー
タが分散しているような場合は，箱の幅が広く
なると考えられるので，(3)に対応するのは④です。

p.130〜131 予想問題 **1**

出題傾向

式の計算問題は基本的な問題から少し計算力を必要とするものまで，幅広く出題されるよ。どの問題もていねいに計算して，確実に得点できるようにしておこう。かっこの前に負の符号がついているような問題では，かっこをはずすときにミスをしやすいので要注意だよ。2けたの整数問題や偶数，奇数の問題では，理由の説明のしかたになれておこう。

① (1)$7a-7b$　(2)$-x^2-4y$　(3)x^2-3x+3

(4)$-2a^2+3a-5$　(5)$11a-9b$　(6)$2x$

(7)$10a-4b$　(8)$\dfrac{-5a+6b}{6}$　$\left(-\dfrac{5}{6}a+b\right)$

(1)$4a-2b+3a-5b=4a+3a-2b-5b$
　　$=(4+3)a+(-2-5)b=7a-7b$

(2)$3x^2-6y-4x^2+2y=3x^2-4x^2-6y+2y$
　　$=(3-4)x^2+(-6+2)y=-x^2-4y$

(3)$5x^2-2x+3-4x^2-x=5x^2-4x^2-2x-x+3$
　　$=(5-4)x^2+(-2-1)x+3=x^2-3x+3$

(4)$-8a^2-3+6a^2-2+3a=-8a^2+6a^2+3a-3-2$
　　$=(-8+6)a^2+3a-5=-2a^2+3a-5$

(5)$(5a-7b)-(-6a+2b)$
　　$=5a-7b+6a-2b=11a-9b$

(6)$4(2x-y)-2(3x-2y)=8x-4y-6x+4y=2x$

(7)$6\left(a-\dfrac{1}{3}b\right)+2(2a-b)$
　　$=6a-2b+4a-2b=10a-4b$

(8)$\dfrac{2a-3b}{3}-\dfrac{3a-4b}{2}$

　　$=\dfrac{2(2a-3b)}{6}-\dfrac{3(3a-4b)}{6}$

　　$=\dfrac{4a-6b-9a+12b}{6}=\dfrac{-5a+6b}{6}$

② (1)$-\dfrac{3}{10}x^2$　(2)$-12x^3$　(3)$-4a^2$　(4)$-4xy$

(5)$-18ab$　(6)$-27a^3$　(7)$-\dfrac{1}{6}x$　(8)$\dfrac{100}{9}a^3$

(1)$-\dfrac{2}{5}x\times\dfrac{3}{4}x=-\dfrac{2}{5}\times\dfrac{3}{4}\times x\times x$

　　$=-\dfrac{3}{10}x^2$

(2)$(-2x)^2\times(-3x)=(-2x)\times(-2x)\times(-3x)$
　　$=-12x^3$

(3)$(-12a^2b)\div3b=-\dfrac{12a^2b}{3b}=-4a^2$

(4)$\dfrac{2}{3}x^2y\div\left(-\dfrac{1}{6}x\right)=-\left(\dfrac{2x^2y}{3}\times\dfrac{6}{x}\right)=-4xy$

(5)$6a^2\times(-9b)\div3a=-\dfrac{6a^2\times9b}{3a}=-18ab$

(6)$(-3a)^2\div(-2a)\times6a^2=-\dfrac{9a^2\times6a^2}{2a}=-27a^3$

(7)$2x^2y\div(-4x)\div3y=-\dfrac{2x^2y}{4x\times3y}=-\dfrac{1}{6}x$

(8)$-\dfrac{5}{6}a^2\div\left(-\dfrac{3}{10}b\right)\times4ab=\dfrac{5a^2\times10\times4ab}{6\times3b}$

　　　　　　　　　　　$=\dfrac{100}{9}a^3$

③ (1)5　(2)-6

解き方

式の値を求めるときは，まず式を簡単にしてから代入します。

(1)$(2x-5y)-(-7x+3y)=2x-5y+7x-3y$
　　　　　　　　　　　$=9x-8y$

　この式に $x=\dfrac{1}{3}$，$y=-\dfrac{1}{4}$ を代入すると，

　$9\times\dfrac{1}{3}-8\times\left(-\dfrac{1}{4}\right)=3+2=5$

(2)$2(4x-y)-5(x-6y)=8x-2y-5x+30y$
　　　　　　　　　　　$=3x+28y$

　この式に $x=\dfrac{1}{3}$，$y=-\dfrac{1}{4}$ を代入すると，

　$3\times\dfrac{1}{3}+28\times\left(-\dfrac{1}{4}\right)=1-7=-6$

④ (1)$-x^2+4x+3$　(2)$5a-7b+2$

解き方

上下にそろえられた同類項どうしを，それぞれたしたり，ひいたりします。

(1)$5x^2+(-6x^2)=-x^2$　　$9x+(-5x)=4x$
　　$0+(+3)=3$

(2)$2a-(-3a)=5a$　　　$-3b-(+4b)=-7b$
　　$0-(-2)=2$

⑤ (1)$y=2x-5$　(2)$a=\dfrac{3c-b}{2}$

解き方

(1)$-y=-2x+5$　　　$y=2x-5$

(2)両辺を3倍すると，$3c=2a+b$

　　$-2a=-3c+b$　　$a=\dfrac{3c-b}{2}$

⑥ n を整数とすると，連続する 2 つの奇数は，

$2n-1$，$2n+1$ と表される。

このとき，2 数の和は，

$(2n-1)+(2n+1)=4n$

n は整数だから，$4n$ は 4 の倍数である。

したがって，連続する 2 つの奇数の和は，4 の倍数である。

⑦ m，n を整数とすると，

6 の倍数より 2 大きい数は，$6m+2$，

9 の倍数より 1 大きい数は，$9n+1$

と表される。

このとき，2 数の和は，

$(6m+2)+(9n+1)=6m+9n+3$

$\qquad\qquad\qquad\quad =3(2m+3n+1)$

$2m+3n+1$ は整数だから，$3(2m+3n+1)$ は 3 の倍数である。

したがって，6 の倍数より 2 大きい数と，9 の倍数より 1 大きい数の和は，3 の倍数である。

---

p.132～133 　　　　　　　　　予想問題 **2**

出題傾向

連立方程式は，計算問題だけでなく，文章問題もかならず出題されるよ。速さ・時間・道のりの問題や割合の問題など，みんなが苦手なところも出題されるから，しっかり対策をたてて，いろいろな問題の解き方を理解しておくと高得点に結びつくよ。

① (1)$(x,\ y)=(4,\ 1)$　　　　(2)$(x,\ y)=(7,\ 15)$

(3)$(x,\ y)=(3,\ -2)$　　　(4)$(x,\ y)=(5,\ 1)$

(5)$(x,\ y)=(3,\ 2)$　　　　(6)$(x,\ y)=(-4,\ 2)$

(7)$(x,\ y)=(-2,\ 1)$　　　(8)$(x,\ y)=(5,\ -4)$

(9)$(x,\ y)=(3,\ 2)$　　　　(10)$(x,\ y)=(3,\ 2)$

上の式を①，下の式を②とします。

(1)①−②から，$7y=7$　　　$y=1$

　　$y=1$ を②に代入すると，

　　$3x-5\times1=7$　　　$3x=12$　　　$x=4$

(2)①×4−②から，$4x=28$　　　$x=7$

　　$x=7$ を①に代入すると，

　　$3\times7-y=6$　　　$-y=-15$　　　$y=15$

(3)①×3−②×5 から，$-13x=-39$　　　$x=3$

　　$x=3$ を①に代入すると，

　　$4\times3+5y=2$　　　$5y=-10$　　　$y=-2$

(4)①×4+②×3 から，$30x=150$　　　$x=5$

　　$x=5$ を②に代入すると，

　　$-2\times5+4y=-6$　　　$4y=4$　　　$y=1$

(5)①を②に代入すると，$5x-3(-x+5)=9$

　　$5x+3x-15=9$　　　$8x=24$　　　$x=3$

　　$x=3$ を①に代入すると，$y=-3+5=2$

(6)①を②に代入すると，$6(-3y+2)+y=-22$

　　$-18y+12+y=-22$　　　$-17y=-34$　　　$y=2$

　　$y=2$ を①に代入すると，$x=-3\times2+2=-4$

(7)②から，$2x-4x+2y=6$

　　$-2x+2y=6$　……②′

　　①×2+②′ から，$8y=8$　　　$y=1$

　　$y=1$ を①に代入すると，$x+3=1$　　　$x=-2$

(8)①×10−②×3 から，$-4y=16$　　　$y=-4$

　　$y=-4$ を②に代入すると，

　　$2x-12=-2$　　　$2x=10$　　　$x=5$

(9)①×3+②×12 から，$23x=69$　　　$x=3$

　　$x=3$ を①に代入すると，

　　$15+2y=19$　　　$2y=4$　　　$y=2$

(10)①×10+②から，$5x=15$　　　$x=3$

　　$x=3$ を②に代入すると，$9+y=11$　　　$y=2$

(1) $(x, \ y)=(-6, \ 3)$ (2) $(x, \ y)=(5, \ -1)$

(1) $x-4y=-18$ ……①

  $5x+4y=-18$ ……② とすると，①＋②から，

  $6x=-36$ $x=-6$

  $x=-6$ を①に代入すると，

  $-6-4y=-18$ $-4y=-12$ $y=3$

(2) $3x+2y=13$ ……①

  $2x-3y=13$ ……② とすると，

  ①×3＋②×2 から，$13x=65$ $x=5$

  $x=5$ を②に代入すると，

  $10-3y=13$ $-3y=3$ $y=-1$

$a=2, \ b=3$

$(x, \ y)=(4, \ 1)$ を連立方程式に代入すると，

$\begin{cases} 4a-2b=2 & ……① \\ -12a+5b=-9 & ……② \end{cases}$

①×3＋②から，$-b=-3$ $b=3$

$b=3$ を①に代入すると，

$4a-6=2$ $4a=8$ $a=2$

ショートケーキ1個 250円

ドーナツ1個 120円

ショートケーキ1個を x 円，ドーナツ1個を y 円とすると，

$\begin{cases} 2x+2y=740 & ……① \\ x+3y=610 & ……② \end{cases}$

①－②×2 から，$-4y=-480$ $y=120$

$y=120$ を②に代入すると，

$x+360=610$ $x=250$

この解は問題にあっています。

89

もとの整数の十の位の数を x，一の位の数を y とすると，

$\begin{cases} 10x+y=5(x+y)+4 & ……① \\ 10y+x=10x+y+9 & ……② \end{cases}$

①から，$10x+y=5x+5y+4$

$5x-4y=4$ ……①′

②から，$-9x+9y=9$ $x-y=-1$ ……②′

①′－②′×4 から，$x=8$

$x=8$ を②′に代入すると，

$8-y=-1$ $-y=-9$ $y=9$

この解は問題にあっています。

もとの整数は，$10×8+9=89$

❻ 兄 400円，弟 250円

はじめに持っていたお金を，兄 x 円，弟 y 円とすると，

$\begin{cases} \dfrac{90}{100}x+\dfrac{80}{100}y=560 & ……① \\ \dfrac{10}{100}x+\dfrac{20}{100}y=120-30 & ……② \end{cases}$

①×10 から，$9x+8y=5600$ ……①′

②×10 から，$x+2y=900$ ……②′

①′－②′×4 から，$5x=2000$ $x=400$

$x=400$ を②′に代入すると，

$400+2y=900$ $2y=500$ $y=250$

この解は問題にあっています。

❼ A，B 間 40 km

B，C 間 40 km

A，B 間を x km，B，C 間を y km とすると，

$\begin{cases} x+y=80 & ……① \\ \dfrac{x}{80}+\dfrac{y}{40}=\dfrac{3}{2} & ……② \end{cases}$

②×80 から，$x+2y=120$ ……②′

①－②′から，$-y=-40$ $y=40$

$y=40$ を①に代入すると，$x+40=80$ $x=40$

この解は問題にあっています。

❽ $x=6, \ y=3$

（最初にはいっていた水の量)＋(入れた水の量)
＝(くみ出した水の量) より，水そう A は，

$30+10×x=10×3×y$

水そう B は，$24+4×x=4×4×y$

よって，$\begin{cases} 30+10x=30y & ……① \\ 24+4x=16y & ……② \end{cases}$

①÷10 から，$3+x=3y$ ……①′

②÷4 から，$6+x=4y$ ……②′

①′－②′から，$-3=-y$ $y=3$

$y=3$ を①′に代入すると，$3+x=9$ $x=6$

この解は問題にあっています。

一次関数は，簡単な計算問題から，グラフから直線の式を求める問題や，グラフをかく問題などいろいろな問題が出題されるよ。文章問題では，グラフをかく必要があるときは，変域に注意してグラフをかくことがたいせつだよ。また，文章問題では，2つの料金プランをくらべる問題や，グラフから速さ・時間・道のりを読みとる問題，直線で囲まれた図形の面積を計算する問題が出題されることが多いよ。

❶ ⑦，⑦，⑥

解き方

⑦ $y=2x+120$　⑦ $y=-x+5$

⑦ $x×y×\dfrac{1}{2}=36$　　$y=\dfrac{72}{x}$　（反比例）

⑥ $y=50x$　（比例も一次関数）

❷ (1) 2　(2) −4

解き方

(1) 変化の割合 $=\dfrac{y \text{の増加量}}{x \text{の増加量}}=a$

(2) 変化の割合 $=\dfrac{y \text{の増加量}}{x \text{の増加量}}=a$ から，

y の増加量 $=a×x$ の増加量 $=-\dfrac{2}{3}×6=-4$

❸ ① $y=-\dfrac{4}{3}x-4$　② $y=2x-1$　③ $y=\dfrac{1}{3}x+2$

解き方

① 傾き $-\dfrac{4}{3}$，切片 -4

② 傾き 2，　　切片 -1

③ 傾き $\dfrac{1}{3}$，　切片 2

❹ (1) $y=-3x+2$　(2) $y=-2x+1$　(3) $y=2x-4$

(4) $y=\dfrac{1}{3}x-2$　(5) $y=-\dfrac{5}{3}x+5$

解き方

(2) 傾きが -2 だから，求める式を $y=-2x+b$ とします。

点 $(-3, 7)$ を通るので，$x=-3$，$y=7$ を代入すると，

$7=-2×(-3)+b$　　$b=1$

(3) 2点 $(3, 2)$，$(5, 6)$ を通る直線の傾きは，

$\dfrac{6-2}{5-3}=2$ だから，$y=2x+b$

点 $(5, 6)$ を通るから，$6=2×5+b$　　$b=-4$

別解 求める式を $y=ax+b$ とします。

点 $(3, 2)$ を通るから，$2=3a+b$　……①

点 $(5, 6)$ を通るから，$6=5a+b$　……②

①−②から，$-4=-2a$　　$a=2$

$a=2$ を①に代入すると，$2=6+b$　　$b=-4$

(4) 切片が -2 だから，求める式を $y=ax-2$ とします。

点 $(9, 1)$ を通るので，$x=9$，$y=1$ を代入すると，

$1=9a-2$　　$3=9a$　　$a=\dfrac{1}{3}$

(5) 求める式を $y=ax+b$ とします。変化の割合は a に等しいので，$a=-\dfrac{5}{3}$

$y=-\dfrac{5}{3}x+b$ に $x=3$，$y=0$ を代入すると，

$0=-5+b$　　$b=5$

❺ (1) $(x, y)=(-3, -5)$

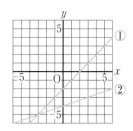

(2) $\left(-\dfrac{5}{3}, -\dfrac{16}{9}\right)$

解き方

(1) $\begin{cases} x-y=2 & ……① \\ x-3y=12 & ……② \end{cases}$

①と②の交点の座標は，上の図から，$(-3, -5)$

(2) $\begin{cases} 5x-3y+3=0 & ……① \\ 4x+3y+12=0 & ……② \end{cases}$

①+②から，

$9x+15=0$　　$9x=-15$　　$x=-\dfrac{5}{3}$

$x=-\dfrac{5}{3}$ を①に代入すると，

$-\dfrac{25}{3}-3y+3=0$　　$-3y=\dfrac{16}{3}$　　$y=-\dfrac{16}{9}$

❻ (1) 4 km　(2) 本屋を出たあと　(3) $\dfrac{26}{5}$ km

解き方

(1) グラフで y の値が一定の部分が，A さんが本屋にいたことを表しています。

(2) 本屋に着くまでと，本屋を出たあとのグラフの傾きをくらべます。

(3) A さんが家を出て 12 分後は，本屋に着く前です。

そのグラフは，傾き $-\dfrac{3}{20}$，切片 7 の直線だから，x と y の関係を表す式は，

$y=-\dfrac{3}{20}x+7$　$(0≦x≦20)$

この式に $x=12$ を代入すると，

$y=-\dfrac{3}{20}×12+7=-\dfrac{9}{5}+7=\dfrac{26}{5}$

(1)$\frac{15}{2}$ cm² (2)$y=\frac{1}{5}x+3$ (3)$t=\frac{15}{2}$

(1)$\triangle OAB=\frac{1}{2}\times3\times5=\frac{15}{2}$(cm²)

(2)点 (0, 3) を通るので，求める式を $y=ax+3$
　　とします。

　　傾きは，$a=\dfrac{4-3}{5-0}=\dfrac{1}{5}$

　　よって，$y=\dfrac{1}{5}x+3$

(3)線分 AP が $\triangle OAB$ の面積を2等分するのは，
　　線分 AP が線分 OB の中点を通るときです。
　　線分 OB の中点を M とすると，点 M の座標は，
　　$\left(\dfrac{5}{2},\ 2\right)$　直線 AM の式を $y=ax+3$ とすると，

　　点 M$\left(\dfrac{5}{2},\ 2\right)$を通るから，

　　$2=a\times\dfrac{5}{2}+3$　　$-1=\dfrac{5}{2}a$　　$a=-\dfrac{2}{5}$

　　よって，直線 AM の式は，$y=-\dfrac{2}{5}x+3$

　　t 秒後の点 P の座標は，$(t,\ 0)$ で，線分 AP が
　　$\triangle OAB$ の面積を2等分するとき，点 P も直線
　　AM 上にあるから，直線 AM の式に
　　$x=t,\ y=0$ を代入すると，

　　$0=-\dfrac{2}{5}t+3$　　$\dfrac{2}{5}t=3$　　$t=\dfrac{15}{2}$

出題傾向

図形の調べ方では，角の大きさを求める問題はかならず出題されるよ。複雑な図形のときは，補助線をひいたり，大きさのわかる角に印をつけたりして考えるようにしようね。また，三角形の内角・外角の性質や，多角形の内角・外角の和，三角形の合同条件などを覚えているかどうかを確かめるような問題も出題されるかもしれないから，がんばって覚えるんだよ。

❶ (1)$\angle x=90°$　(2)$\angle x=60°$

解き方

(1)右の図のように，
　直線 n をひいて，
　平行線と錯角の関
　係から考えます。

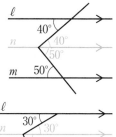

(2)右の図のように，
　直線 n をひいて，
　同位角と錯角，三
　角形の内角・外角
　の性質より，
　$\angle x=130°-70°=60°$

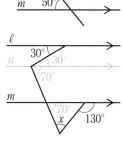

❷ (1)$\angle x=120°$　(2)$\angle x=80°$

解き方

(1)右の図で，三角形の内
　角・外角の性質より，
　$\angle x=(20°+70°)+30°$
　　　$=120°$

(2)右の図の小さい三角形で，
　$130°+\angle a+\angle b=180°$ より，
　$\angle a+\angle b=50°$
　大きい三角形で，
　$\angle x+2\angle a+2\angle b=180°$
　$\angle x+2(\angle a+\angle b)=180°$
　$\angle x+2\times50°=180°$
　$\angle x=180°-100°=80°$

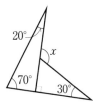

❸ (1)720°　(2)十二角形　(3)36°　(4)正八角形

解き方

(1)$180°\times(6-2)=720°$

(2)$180°\times(n-2)=1800°$　　$n-2=10$　　$n=12$

(3)外角の大きさの和が 360° より，正十角形の
　1つの外角の大きさは，$360°\div10=36°$

(4)内角＋外角＝180° で，
　内角：外角＝3：1 から，外角＝45°

外角の大きさの和が 360° より，360°÷45°＝8
8 か所に外角ができます。
よって，正八角形である。

④ ⑦ 2 組の辺とその間の角が，それぞれ等しい。
　　⑦ 1 組の辺とその両端の角が，それぞれ等しい。

解き方 ⑦「3 組の角が，〜」は合同条件ではありません。
　　⑦ 3 組の辺が対応していません。
　　⑦「2 組の辺と 1 つの角が，〜」は合同条件では
　　　ありません。

⑤ (1)〔仮定〕AB＝DC，AC＝DB
　　　〔結論〕∠A＝∠D
　　(2)△ABC と △DCB
　　(3)AB と DC，AC と DB，BC と CB
　　(4)3 組の辺が，それぞれ等しい。

解き方 (2)∠A＝∠D を導くために，∠A，∠D をそれぞ
　　れ角にもつ 2 つの三角形に着目します。

⑥ △ADM と △ECM で，
　仮定より，DM＝CM　……①
　対頂角は等しいので，∠AMD＝∠EMC　……②
　AD∥BC から，平行線の錯角は等しいので，
　∠ADM＝∠ECM　……③
　①，②，③から，1 組の辺とその両端の角が，
　それぞれ等しいので，△ADM≡△ECM
　合同な図形では，対応する辺の長さは等しいの
　で，AM＝EM

解き方 AM＝EM を導くために，AM，EM をそれぞれ辺
　　にもつ 2 つの三角形 △ADM と △ECM に着目し
　　ます。

⑦ △ADC と △ABE で，
　△ABD，△ACE は，正三角形だから，
　AD＝AB　……①　　AC＝AE　……②
　∠BAD＝∠CAE＝60°　……③
　③から，∠DAC＝∠BAC＋60°　……④
　∠BAE＝∠BAC＋60°　……⑤
　④，⑤から，∠DAC＝∠BAE　……⑥
　①，②，⑥から，2 組の辺とその間の角が，
　それぞれ等しいので，△ADC≡△ABE
　合同な図形では，対応する辺の長さは等しいの
　で，DC＝BE

解き方 DC＝BE を導くために，DC，BE をそれぞれ辺
　　にもつ 2 つの三角形 △ADC，△ABE に着目しま
　　す。∠DAC と ∠BAE は，同じ角に 60° を加えた
　　大きさの角なので，等しくなります。

---

p.138〜139　　　　　　　　予想問題 ⑤

出題傾向

図形の性質と証明では，証明問題がかならず出題
されるから，証明の仕方をきちんと理解しておく
だけでなく，図形の性質も覚えておく必要がある
よ。たくさんの定理を覚えるのはたいへんだけれ
ど，がんばろう。証明のほかには，面積が等しい
図形をみつける問題や，面積が等しい図形を作図
させる問題もよく出題されているよ。

① (1)∠x＝100°　(2)∠x＝36°

解き方 (1)∠x＝180°－40°×2＝100°
　　(2)△BCD は二等辺三角形だから，
　　　∠BDC＝(180°－36°)÷2＝72°
　　　△ABD は二等辺三角形だから，
　　　∠x＝72°÷2＝36°

② △ABD と △ACE で，
　仮定より，AB＝AC　……①
　∠B＝∠C　……②　　　BD＝CE　……③
　①，②，③から，2 組の辺とその間の角が，
　それぞれ等しいので，△ABD≡△ACE
　合同な図形では，対応する辺は等しいので，
　AD＝AE
　2 つの辺が等しいので，△ADE は二等辺三角形
　である。

解き方 △ADE が二等辺三角形になることを証明するに
　　は，2 つの辺が等しいか，または，2 つの角が等
　　しいことを導きます。
　　この問題では，AD＝AE を導くために，AD，AE
　　をそれぞれ辺にもつ 2 つの三角形 △ABD と
　　△ACE が合同であることを証明しています。

③ △APD と △AQD で，
　仮定より，
　∠PAD＝∠QAD　……①
　∠APD＝∠AQD＝90°　……②
　共通な辺だから，AD＝AD　……③
　①，②，③から，直角三角形の斜辺と 1 つの鋭
　角が，それぞれ等しいので，△APD≡△AQD
　合同な図形では，対応する辺は等しいので，
　DP＝DQ

解き方 DP＝DQ であることを導くために，DP，DQ を
　　それぞれ辺にもつ 2 つの三角形 △APD，△AQD
　　に着目すると，△APD，△AQD は直角三角形で，
　　AD は共通なので，直角三角形の合同条件が使え
　　ます。

(1) 3 cm　(2) 2 cm　(3) 115°　(4) 65°

(1) EP＝BH＝AD－HC＝8－5＝3(cm)

(2) AE＝DF＝2 cm

(3) ∠A＝∠C＝115°

(4) ∠EPH＝∠ABC＝180°－∠BCD
　　　＝180°－115°＝65°

△OAE と △OCF で，

仮定より，OA＝OC　……①

対頂角は等しいので，∠AOE＝∠COF　……②

AD∥BC から，平行線の錯角は等しいので，
∠OAE＝∠OCF　……③

①，②，③から，1 組の辺とその両端の角が，
それぞれ等しいので，△OAE≡△OCF

合同な図形では，対応する辺は等しいので，
AE＝CF

AE＝CF を導くために，AE，CF をそれぞれ辺
にもつ 2 つの三角形 △OAE と △OCF に着目し
ます。

平行四辺形 ABCD で，

平行四辺形の対角線は，それぞれの中点で交わ
るので，　AO＝CO　……①，BO＝DO　……②

仮定より，AP＝PO　……③，CQ＝QO　……④

①，③，④から，PO＝QO　……⑤

②，⑤から，対角線が，それぞれの中点で交わ
るので，四角形 PBQD は平行四辺形である。

PQ，BD が四角形 PBQD の対角線であることに
着目し，PQ，BD がそれぞれの中点で交わるこ
とを導きます。

⑦と⑦

△BEF と共通の底辺と高さをもつ三角形が見つ
からないので，△BEF をふくむ △BCF に着目し
ます。

AB∥CF から，

△BCF＝△ACF　　　　　……①

△BEF＝△BCF－△CEF　……②

△AEC＝△ACF－△CEF　……③

①，②，③から，△BEF＝△AEC

AD∥EC から，　△AEC＝△DEC

△BEF＝△AEC から，△BEF＝△DEC

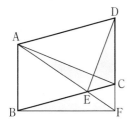

p.140～141 予想問題 6

出題傾向

確率では，玉を取り出すときの確率，硬貨を投げ
るときの表と裏の出る確率，2 つのさいころを投
げたときの目についての確率，くじ引きの確率な
どがよく出題されるよ。いずれの場合も，起こる
すべての場合の数と問題のことがらが起こる場合
の数を，樹形図や表，計算を使って，正確に数え
上げることがたいせつだよ。

❶ (1) $\dfrac{3}{10}$　(2) $\dfrac{3}{10}$　(3) $\dfrac{13}{20}$　(4) $\dfrac{4}{5}$

解き方

すべての場合の数は 20 通り。

(1) 3 の倍数は 3，6，9，12，15，18 の 6 個。

求める確率は，$\dfrac{6}{20}=\dfrac{3}{10}$

(2) 15 以上の数は，15，16，17，18，19，20 の 6 個。

求める確率は，$\dfrac{6}{20}=\dfrac{3}{10}$

(3) 2 の倍数は，

2，4，6，8，10，12，14，16，18，20 の 10 個，
3 の倍数は，3，6，9，12，15，18 の 6 個あり
ます。

このうち，2 の倍数でも 3 の倍数でもある数は，
6，12，18 の 3 個あるので，2 または 3 の倍数
は，10＋6－3＝13(個)

求める確率は $\dfrac{13}{20}$

(4) 5 の倍数は 4 個あるので，5 の倍数でない数は，
20－4＝16(個)

求める確率は，$\dfrac{16}{20}=\dfrac{4}{5}$

❷ (1) 12 通り　(2) 10 通り

解き方

(1) 4 人を A，B，C，D とします。

選び方は全部で 12 通り。

$$A \begin{cases} B \\ C \\ D \end{cases} \quad B \begin{cases} A \\ C \\ D \end{cases} \quad C \begin{cases} A \\ B \\ D \end{cases} \quad D \begin{cases} A \\ B \\ C \end{cases}$$

(2) 5 種類の菓子を A，B，C，D，E とします。

2 種類の選び方は，

(A，B)，(A，C)，(A，D)，(A，E)，(B，C)，
(B，D)，(B，E)，(C，D)，(C，E)，(D，E)
の 10 通り。

❸ （樹形図）1回目　　　2回目　　　3回目

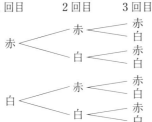

確率　$\dfrac{3}{8}$

解き方

玉の取り出し方は全部で8通り。
白玉が2回だけ出る場合は3通り。
求める確率は $\dfrac{3}{8}$

❹ (1)$\dfrac{1}{12}$　(2)$\dfrac{1}{4}$

解き方

2つのさいころをA，Bとします。
2つのさいころの目の出かたは，全部で，
6×6＝36（通り）

A＼B	1	2	3	4	5	6
1						
2						
3						
4						
5						
6						

(1)出た目の数の和が10になる場合は，
（A，B）＝(4，6)，(5，5)，(6，4)の3通り。
求める確率は，$\dfrac{3}{36}＝\dfrac{1}{12}$

(2)積が奇数になるのは，どちらも奇数の目が出
た場合で，
（A，B）＝(1，1)，(1，3)，(1，5)，(3，1)，(3，3)，
(3，5)，(5，1)，(5，3)，(5，5)の9通り。
求める確率は，$\dfrac{9}{36}＝\dfrac{1}{4}$

❺ (1)$\dfrac{7}{8}$　(2)$\dfrac{3}{8}$

解き方

(1)表を○，裏を×と
して表すと，3枚
の硬貨の表裏の出
かたは全部で
8通り。
少なくとも1枚は
裏となる場合は
7通り。
求める確率は $\dfrac{7}{8}$

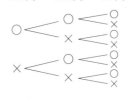
500円　　100円　　50円

(2)表が出た硬貨の合計金額が，550円以上にな
るのは，（500円，100円，50円）＝(○，○，○)，
(○，○，×)，(○，×，○)の3通り。
求める確率は $\dfrac{3}{8}$

❻ (1)$\dfrac{1}{10}$　(2)$\dfrac{4}{25}$

解き方

あたりを①，②，はずれを③，④，⑤とします。
(1)2本のくじのひき方は全部で，
｛①，②｝，｛①，③｝，｛①，④｝，｛①，⑤｝，
｛②，③｝，｛②，④｝，｛②，⑤｝，｛③，④｝，
｛③，⑤｝，｛④，⑤｝の10通り。
2本ともあたる場合は，｛①，②｝の1通り。
求める確率は $\dfrac{1}{10}$

(2)2本のくじのひき方は全部で25通り。

①─①②③④⑤　②─①②③④⑤　③─①②③④⑤　④─①②③④⑤　⑤─①②③④⑤

2本ともあたる場合は4通り。
求める確率は $\dfrac{4}{25}$

❼ (1)$\dfrac{3}{13}$　(2)$\dfrac{2}{13}$　(3)1326通り　(4)$\dfrac{4}{663}$

解き方

(1)すべての場合の数は52通り。
絵札は，3×4＝12（枚）
求める確率は，$\dfrac{12}{52}＝\dfrac{3}{13}$

(2)4または7の札は，2×4＝8（枚）
求める確率は，$\dfrac{8}{52}＝\dfrac{2}{13}$

(3)例えば，ひいた2枚のうち，1枚がスペード
のAであるとすると，もう1枚は残りの51枚
の札の中のいずれか1枚です。
同じようにして，このような場合の数は
52×51通りできます。
2枚を同時にひくときは，例えば，
（スペードのA，クラブの3），
（クラブの3，スペードのA）の組み合わせは同
じものと考えるので，すべての場合の数は，
52×51÷2＝1326（通り）

(4)同じ種類（マーク）の2枚の札で数の積が20と
なるのは，②と⑩，④と⑤で，このようなひ
き方が4種類あるから，場合の数は8通り。
求める確率は，$\dfrac{8}{1326}＝\dfrac{4}{663}$

出題傾向

四分位数や四分位範囲を求めたり，箱ひげ図をかいたりする問題が中心に出題されるよ。用語の意味が分からないと，問題を解くことができないから，四分位数や四分位範囲などの用語の意味は，しっかり覚えておこう。データを小さい順に並べて，まず中央値を求め，次に第1四分位数，第3四分位数を求めるという作業が中心になるよ。データの個数が奇数か偶数かで作業が異なることに注意しよう。

(1)最小値 4 点

　　最大値 29 点

(2)小さい方から4番目と5番目の得点の平均を求めればよい。

(3)小さい方から9番目の得点を求めればよい。

(4)第1四分位数 16 点

　　第2四分位数 21 点

　　第3四分位数 25.5 点

(5)範囲 25 点

　　四分位範囲 9.5 点

(6)

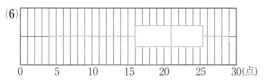

(1)データの値を小さい順に並べると，次のようになります。

4, 9, 12, 15, 17, 18, 20, 20, 21, 23, 23, 24, 25, 26, 28, 28, 29

よって，最小値は4点，最大値は29点です。

(2)〜(4)データの個数が17で奇数だから，中央値は，小さい方から，$\frac{17+1}{2} = 9$(番目)の値です。

よって，データの値を，中央値21点を境に，前半部分と後半部分に分けます。

　　　　　　　　第1四分位数　　　第2四分位数(中央値)

4, 9, 12, 15, | 17, 18, 20, 20, ㉑,

23, 23, 24, 25, | 26, 28, 28, 29

　　　　　　　　第3四分位数

第1四分位数は，小さい方から4番目と5番目の得点の平均で，$\frac{15+17}{2} = 16$(点)

第2四分位数は，小さい方から9番目の得点で21点

第3四分位数は，小さい方から13番目と14番目の得点の平均で，$\frac{25+26}{2} = 25.5$(点)

(5)範囲＝最大値－最小値だから，範囲は，

29－4＝25(点)

四分位範囲＝第3四分位数－第1四分位数

だから，四分位範囲は，25.5－16＝9.5(点)

(6)最小値4点，第1四分位数16点，第2四分位数21点，第3四分位数25.5点，最大値29点を，順にかき込みます。

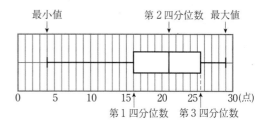

❷ (1)Aさん 2点，Bさん 3.5点

(2)

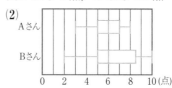

Bさん

解き方

(1)それぞれのデータを小さい順に並べます。

Aさん

3, 4, 5, 5, 6, 6, 6, 7, 7, 8

第1四分位数は5点

第2四分位数は6点

第3四分位数は7点

四分位範囲は，7－5＝2(点)

Bさん

2, 5, 5, 5, 6, 7, 8, 9, 10

第1四分位数は5点

第2四分位数は6点

第3四分位数は8.5点

四分位範囲は，8.5－5＝3.5(点)

(2)箱もひげもBさんの方が長いので，Bさんの方が広く分布していると考えられます。

❸ 2年生

最小値が2冊，少ない方から10番目の生徒の冊数である第1四分位数が5冊だから，2冊以上5冊以下と考えられる。

3年生

少ない方から29番目の生徒の冊数である第3四分位数が20冊，最大値が23冊だから，20冊以上23冊以下と考えられる。

解き方 中央値は，少ない方から，$\dfrac{38}{2} = 19$（番目）と20番目の冊数の平均です。

借りた本の冊数が少ない方から順に，生徒に番号をつけると，次のようになります。

第1四分位数
↓

1, 2, 3, 4, 5, 6, 7, 8, 9, ⑩,
11, 12, 13, 14, 15, 16, 17, 18, 19,

第3四分位数
↓

20, 21, 22, 23, 24, 25, 26, 27, 28, ㉙,
30, 31, 32, 33, 34, 35, 36, 37, 38

よって，第1四分位数は，少ない方から10番目の生徒の冊数，第3四分位数は，少ない方から29番目の生徒の冊数です。